BERNSTEIN selbst bearbeitet

Sägen

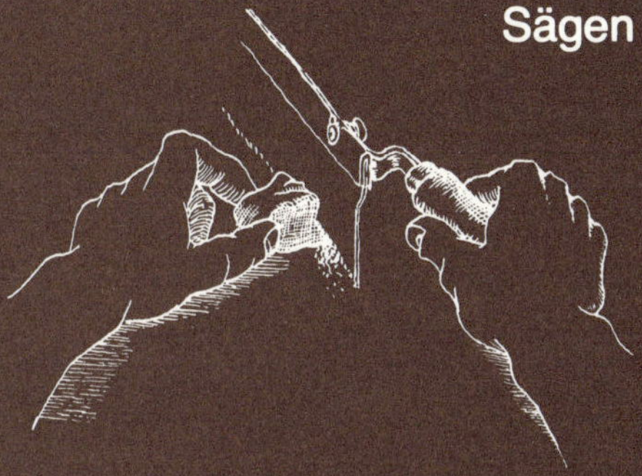

Grobschliff

Feinschliff

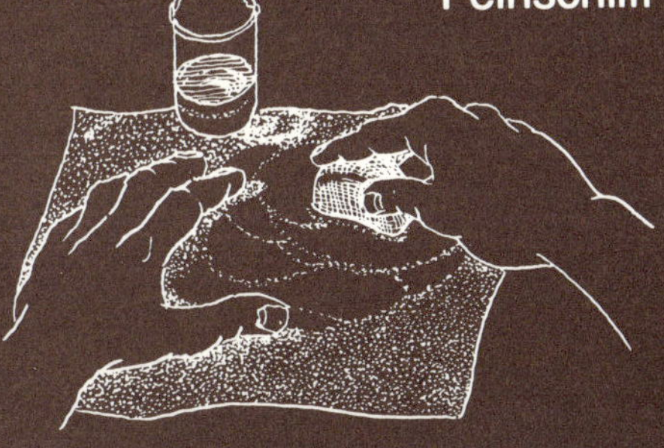

hinstorff maritime miniaturen

BERNSTEIN

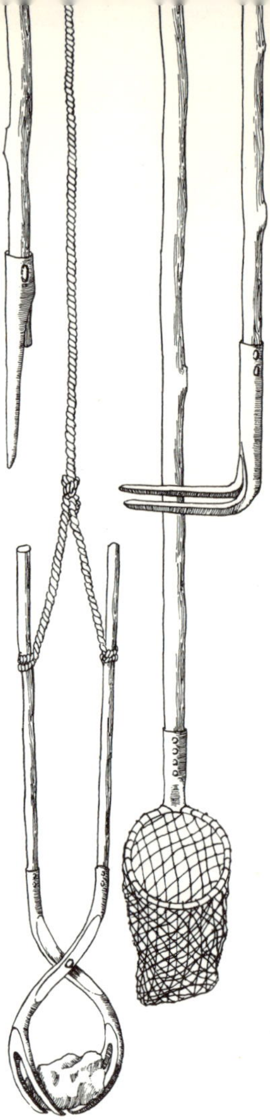

Rolf Reinicke

GOLD DES MEERES

VEB Hinstorff Verlag
Rostock 1986

»Gold des Nordens«

Am klaren Morgen nach einer stürmischen Novembernacht liegt ein knolliger, gelbglänzender Stein am Spülsaum des breiten Sandstrandes – ein faustgroßes Stück Bernstein. Sicher braucht es nicht lange auf seinen Finder zu warten! Wer ein solches Glück schon hatte, weiß um jenes erregende Gefühl, das »Gold des Meeres« selbst zu finden. Zehntausende sind es bestimmt, die Jahr für Jahr auf der ganzen Länge der südlichen Ostseeküste oder an der Nordsee leidenschaftlich auf Bernsteinsuche gehen. Sie alle, ob nun Urlauber oder Einheimische, hoffen auf einen großen Fund. Der aber ist nur wenigen vergönnt. Fast möchte man von einem Bernsteinfieber sprechen, das die Sammler erfaßt, wenn das Meer nach stürmischem Wetter dann tatsächlich einmal Bernstein in größerer Menge auf den Strand wirft.

Gibt es nun Bernstein an den Küsten aller Meere? Sicher nicht! Zwar wird auch in einigen anderen Gebieten der Erde Bernstein am Meeresstrand gefunden, doch längst nicht in solchen Mengen und nicht auf einem so großen Territorium wie an den Küsten von Nord- und Ostsee, sie sind die bernsteinreichsten überhaupt!

Den Ursprung vom »Gold des Meeres« oder »Gold des Nordens«, das hier gefunden wird, sucht man im Ostseeraum, im Gebiet des »Baltischen Meeres«, wie einige unserer Nachbarn zur Ostsee sagen. So spricht man vom »Baltischen Bernstein«, um ihn von den vielen anderen auf der Erde vorkommenden Bernsteinarten zu unterscheiden. Und dieser »Baltische Bernstein« ist auch stets gemeint, wenn auf den folgenden Seiten ganz allgemein von »Bernstein« gesprochen wird.

Im »Bernsteinwald«

Kein einziges Stück vom »Gold des Meeres« ist tatsächlich im Meer entstanden! Auch war dessen salziges Wasser nicht erforderlich, um Bernstein zu bilden oder ihn zu erhärten. Alle Bernsteinarten sind rein festländische Bildungen: Sie entstanden aus Harz. Bernsteinharze wurden von unterschiedlichen Pflanzen und zu verschiedenen Zeiten der jüngeren Erdgeschichte abgesondert. Sie alle haben aber eine wichtige Eigenschaft gemeinsam: Gegenüber den Absonderungen vieler anderer Pflanzen sind sie unter günstigen Umständen über Jahrmillionen hin erhaltungsfähig.

Als Harzlieferant für den »Baltischen Bernstein« gilt die heute ausgestorbene Bernsteinkiefer. Kiefern dieser Art wuch-

Harzabsonderung an einer heutigen Fichte

QUARTÄR	Holozän	*Geologische Jetztzeit* Umlagerung von Bernstein an den Küsten; Bernsteingewinnung durch den Menschen	0,01
QUARTÄR	Pleistozän	*Pleistozäne Vereisungen* Umlagerung von Bernstein durch Eis und Schmelzwasser in eiszeitliche Ablagerungen	1,5
TERTIÄR	Neogen	*Pliozän*	11
TERTIÄR	Neogen	*Miozän* Umlagerung von Bernstein durch Fließgewässer in Braunkohlensande	26
TERTIÄR	Paläogen	*Oligozän* Umlagerung von Bernstein ins Meer, Entstehung der »Blauen Erde«	35
TERTIÄR	Paläogen	*Eozän* Entstehung des »Baltischen Bernsteins« und Einlagerung in Waldboden, Moore oder Gewässer	55
TERTIÄR	Paläogen	*Paläozän*	67

Geologische Gliederung der Erdneuzeit und Geschichte des »Baltischen Bernsteins«. Die Zahlenwerte geben den Beginn der Einheit in Millionen Jahren an

sen in der Älteren Braunkohlenzeit, dem Alttertiär (Paläogen), vor etwa 35 bis 50 Millionen Jahren. Ihre Heimat vermutet man im südlichen Skandinavien. So wie auch im mitteleuropäischen Raum, gab es dort in jener Zeit subtropische Wälder. In ihnen gedieh eine Fülle verschiedenartiger Pflanzen – von Mammutbäumen über immergrüne Eichen bis hin zu Palmfarnen, Lorbeer und Stechpalme. Neben einer Unzahl von Insekten- und anderen Kleintierarten lebten hier Riesenschlangen und Tapire, Urpferdchen und Krokodile. In den uns heute paradiesisch anmutenden Mischwäldern wuchs neben vielen anderen Nadelhölzern eben auch jene Bernsteinkiefer.

Zur Absonderung von Harz kam es bei ihr, ähnlich wie an heutigen Koniferen zu beobachten, durch Verletzungen von Stamm, Ästen oder Zweigen. Vieles deutet darauf hin, daß die Harzabsonderung der

Bernstein-Schlauben, charakteristische Flußformen des Harzes der Bernsteinkiefer (das größte Stück ist etwa fünf Zentimeter lang)

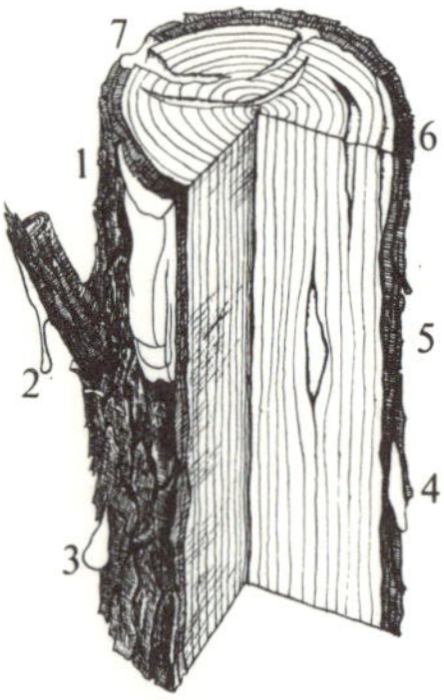

Absonderung von Bernsteinharz (nach KATINAS, 1971)
1 – Schlaube
2 – Zapfen
3 – Tropfen
4 – innerhalb der Borke
5 – in Rissen im Holz
6 – zwischen Holz und Borke
7 – an Verletzungen und Astlöchern

Bernsteinkiefer wesentlich stärker und intensiver war, als man heute an heimischen Nadelbäumen feststellen kann.

Vom Kiefernharz zum Bernstein

Das Harz der Bernsteinkiefer floß wohl nicht nur reichlicher als das der Nadelbäume in unseren heutigen Forsten. Es scheint auch erheblich dünnflüssiger gewesen zu sein. Solche Vermutungen entstehen, wenn man jene nicht seltenen Bernsteinstücke betrachtet, die ganz charakteristische Absonderungsformen fließenden Harzes haben: Schlauben, Zapfen und Tropfen.

Schlauben sind flache, geschichtete und fast immer ganz klare Stücke. Sie sind dort entstanden, wo Harz an Stämmen oder Ästen herabströmte, mehrfach übereinanderfloß und erhärtete. Als *Zapfen* bezeichnet man kleinere, ebenfalls klare Bernsteine, die in ihrer Form an winzige Eiszapfen oder Tropfsteine erinnern. Rasche Erstarrung des von Ästen oder Zweigen herabrinnenden Harzes führte zur Bildung dieser interessanten Formen. Man findet die grazilen Gebilde aber meist zerbrochen. Besonders auffallend sind die fast immer trüben *Bernsteintropfen*. Ihre Größe liegt in der Regel zwischen der eines Kirschkernes und der einer Walnuß. Größere Exemplare sind selten. Tatsächlich handelt es sich hier um ehemalige Harztropfen. Manche wurden durch den Aufprall auf den Waldboden abgeplattet.

Zur Harzabsonderung kam es bei der Bernsteinkiefer aber nicht nur äußerlich, sondern auch zwischen Holz und Borke, in Rissen und Spalten, in Astlöchern und

Bernstein-Zapfen (das größte Stück ist etwa vier Zentimeter lang)

Bernstein-Tropfen, erbsengroß

Bernstein im »Muttergestein«, einem stark mit Braunkohle durchsetzten feinen Sand, dem Rest des ursprünglichen Waldbodens

anderen Hohlräumen des Holzes. Hier sammelte sich manchmal getrübtes Harz in so großer Menge, daß selbst Bernsteinstücke von mehreren Kilogramm Gewicht entstehen konnten.

Das Bernsteinharz erstarrte und erhärtete (»versteinerte«) vermutlich relativ rasch durch Verdunstung leichtflüchtiger Bestandteile, Polymerisation und Oxydation. Man weiß zwar nicht genau, wieviel Zeit verging, bis aus einem Harzklumpen ein Bernsteinstück wurde, doch waren dafür keinesfalls Hunderte oder gar Tausende von Jahren erforderlich. Bernstein wurde wahrscheinlich in unvorstellbar großen Mengen gebildet. Das lag aber nicht daran, daß die einzelne Bernsteinkiefer einen ungewöhnlich heftigen Harzfluß zeigte oder daß diese Bäume so ungemein häufig waren. Ursache dafür war vielmehr jener geologische Zeitraum, der für die Bernsteinbildung zur Verfügung stand. Man kann dabei durchaus mit zehn Millionen Jahren rechnen – eine, erdgeschichtlich gesehen, keinesfalls lange Etappe.

Innerhalb dieser konnten – rein theoretisch – auf einem »Bernsteinland« einer Größe von 200 mal 200 Kilometern (40.000 km^2) etwa 4000 Millionen Tonnen Bernstein entstehen, eine Masse von über vier Kubikkilometern. Dazu brauchten pro Jahr und Quadratkilometer nur zehn Kilogramm Bernstein gebildet zu werden! Diese Ansatzwerte sind kaum zu hoch gewählt.

Von dem tatsächlich gebildeten Bernstein blieb nur ein winziger Bruchteil erhalten. Lag er nach seiner Entstehung viele Jahre lang an der Erdoberfläche, so begann er langsam zu verwittern. Nur der Bernstein, der unter Luftabschluß kam, also im feuchten Waldboden oder am Grunde eines Gewässers lagerte, blieb unverändert.

Die jüngere geologische Geschichte des Ostseeraumes sorgte dafür, daß der »Baltische Bernstein« nicht nur über ein riesiges Gebiet verstreut, sondern auch relativ selten wurde.

Vom Schicksal des »Baltischen Bernsteins«

In jenem Teil Skandinaviens, in dem der Bernstein entstand, ist heute nichts mehr von ihm zu finden. In den Gebieten, wo er einst in großer Menge im Waldboden angereichert wurde, liegen heute andere, wesentlich ältere Gesteine an der Erdoberfläche. So läßt sich mit Gewißheit sagen, daß jedes gefundene Stück Bernstein seit seiner Entstehung im Laufe der vergangenen 35 Millionen Jahre mindestens einmal, meist jedoch öfter, umgelagert wurde. Dafür sorgte einerseits das in diesem Zeitraum ungewöhnlich wechselvolle geologische Geschehen in Nord- und Mitteleuropa. Andererseits ist Bernstein durch sein geringes spezifisches Gewicht ein im Wasser sehr bewegliches und somit leicht umzulagerndes Material.

Bereits am Ende des Alttertiärs machte ein Teil des Bernsteins erste Bekanntschaft mit dem Meer. Dieses drang vom Westen her immer weiter auf das heutige nördliche Mitteleuropa und in das südliche Ostseegebiet vor. Wenigstens ein Teil des »Bernsteinlandes« wurde dabei ebenfalls überflutet. So gelangten erhebliche Mengen von Bernstein ins alttertiäre Flachmeer. Andere Stücke könnten durch Flüsse hineingespült worden sein. Am Grunde dieses flachen Randmeeres entstand besonders vor Flußmündungen nun eine Ablagerung, deren Bernsteinreichtum legendär ist: die »Blaue Erde«. Bergleute prägten die nur wenig zutreffende Bezeichnung für den nicht verfestigten, tonigen Sand, der im feuchten Zustand eine leicht blaugrünliche Färbung zeigt. Sie rührt von kleinen Körnchen eines

Entstehung und Verbreitung des »Baltischen Bernsteins« (in Anlehnung an KATINAS, 1971)
1 – Zentrum des vermutlichen Entstehungsgebietes;
2 – heutige Verbreitung in Ablagerungen;
3 – Küstenfunde

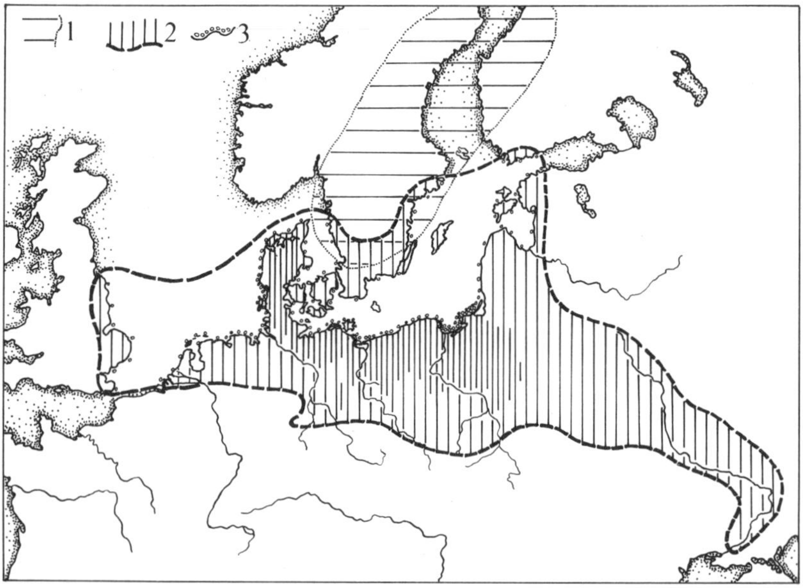

dunkelgrünen Eisenminerals her, vom Glaukonit. In dieser »Blauen Erde« finden sich neben Fossilien von Meerestieren (Muscheln, Seeigel, Haifischzähne u. a.) große Mengen Bernstein. An vielen Stellen enthält sie bis zu zwei Kilogramm Bernstein pro Kubikmeter.

Schätze aus der »Blauen Erde«

Reste der »Blauen Erde« gibt es heute nur noch an der südlichen Ostseeküste, vielleicht auch am Grunde der Ostsee selbst. Auf dem Samland, der Halbinsel zwischen dem Weichselhaff und dem Kurischen Haff, birgt sie die bedeutendste Bernsteinlagerstätte der Welt.

Ursprünglich begnügte man sich hier mit den ungemein reichen Funden am Strand und mit der Ausbeute aus der Bernsteingräberei, das heißt seiner Gewinnung aus kleinen Gruben in Strandnähe. Mitte des vergangenen Jahrhunderts begann man, die nur wenig landeinwärts etwa 30 bis 40 Meter tief liegende »Blaue Erde«, eine durchschnittlich sechs Meter starke Schicht, bergmännisch auszubeuten. Dazu betrieb man bis ungefähr 1920 einen Tiefbau. Man arbeitete also beim Abbau unter Tage. Seit 1920 wird der samländische Bernstein fast ausschließlich im Tagebau mit Großgeräten gewonnen. Die geförderte »Blaue Erde« kippt man auf große Siebe und spült sie mit einem scharfen Wasserstrahl aus. Dabei bleibt der Bernstein zurück. Um 1925 wurden auf diese Weise 400 bis 500 Tonnen Bernstein pro Jahr gewonnen. Heute fördert die Sowjetunion hier in neu angelegten Tagebauen mehr als 90 Prozent des auf der Welt gefundenen Bernsteins. Die Vorräte reichen bis weit ins nächste Jahrtausend.

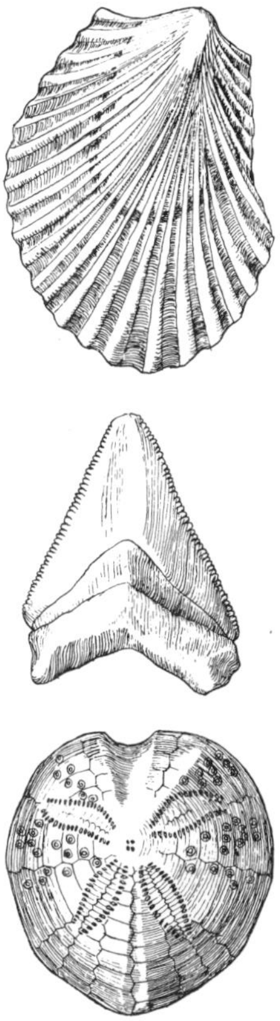

Fossilien von Meerestieren aus der »Blauen Erde« (Auster, Haifischzahn, Seeigel)

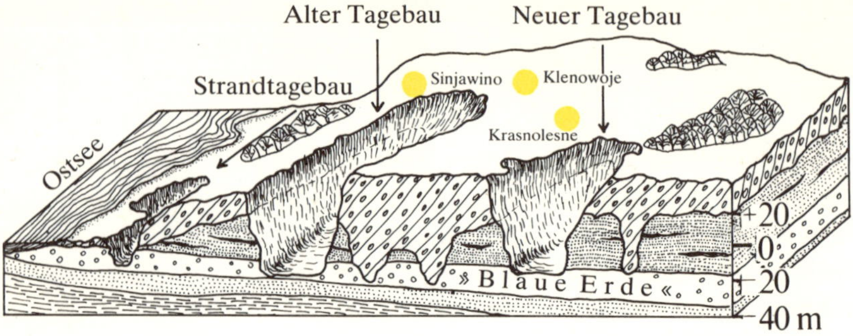

Geologischer Schnitt durch die samländische Bernsteinlagerstätte Primorskoje (nach GURJEWITSCH und KASANOW, 1976)

So ergiebig die samländische Lagerstätte ist, so einzigartig ist sie auch. Andere Restvorkommen der »Blauen Erde« an der polnischen Ostseeküste sind wirtschaftlich kaum nutzbar. Die Seltenheit dieser bernsteinführenden Ablagerung, die bei ihrer Entstehung eine wesentlich größere Verbreitung hatte, wird bei einem weiteren Blick auf die erdgeschichtliche Entwicklung verständlich: Das alttertiäre Meer, an dessem Grund die »Blaue Erde« entstand, wich sehr bald schon aus dem Ostseegebiet zurück. Im Jungtertiär, der Jüngeren Braunkohlenzeit, war hier Festland. Regen, Bäche und Flüsse spülten sowohl die nun an der Erdoberfläche liegende »Blaue Erde« als auch die weiter nördlich noch vorhandenen Waldbodenreste des »Bernsteinwaldes« mit sich fort. Dabei wurde wiederum Bernstein verfrachtet und zusammen mit feinen, hellen Sanden in Seen oder Flußniederungen des jungtertiären Festlandes abgelagert. Diese Sande enthalten – daher ihr Name – reichlich Braunkohlenreste. Bernstein ist in den Sanden oft in »Nestern« angereichert. Braunkohlensande sind gegenüber der »Blauen Erde« heute weiter verbreitet. Man findet sie vor allen Dingen im nördlichen Polen.

Bernsteingewinnung in einem primitiven Schacht in der Nähe von Danzig (18. Jahrhundert). Solche Schächte waren bis zu 25 Meter tief (nach MULICKI, 1951)

Auch in der Niederlausitz und in anderen

Braunkohlengebieten kommt in solchen Sanden über den Kohleflözen ab und zu Bernstein vor.

Bernstein unterm Eis

Das für die heutige Verbreitung des »Baltischen Bernsteins« sicher entscheidende erdgeschichtliche Ereignis waren die Vorstöße des pleistozänen Inlandeises (die Eiszeit). Gewaltige Eismassen schoben sich aus dem skandinavischen Raum dreimal in den vergangenen 500000 Jahren nach Süden – bis an den Rand der Mittelgebirge. Einer gigantischen Planierraupe gleich, hobelten sie einen großen Teil der geologisch jüngeren, oberflächennahen Lockergesteine ab. Die letzten Waldbodenreste des »Bernsteinlandes« und ein Großteil der »Blauen Erde« wie auch der Braunkohlensande fielen dieser Abtragung zum Opfer. Wurden die Bernsteinstücke dabei nicht zerrieben, gelangten sie in die vom Eis oder den Schmelzwassermassen gebildeten Ablagerungen: in den Geschiebemergel, in die Schmelzwassersande oder in die tonig-schluffigen Sedimente der

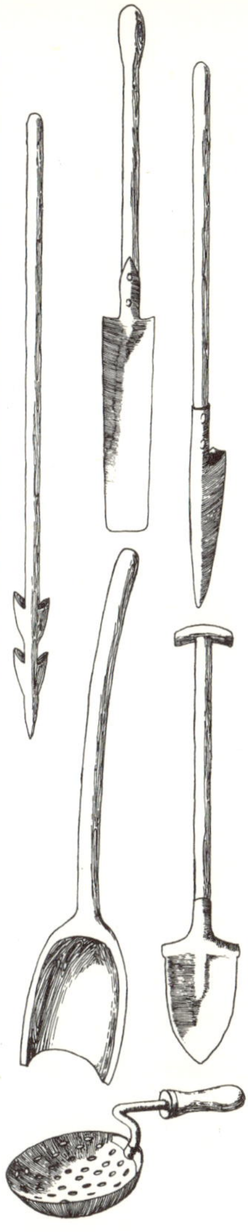

Volkstümliche Geräte zur Sondierung und Gewinnung von Bernstein aus eiszeitlichen Ablagerungen in der nordostpolnischen Region Kurpie (nach CHĘTNIK, 1952)

Ein besonders schönes klares Stück aus der »Blauen Erde«

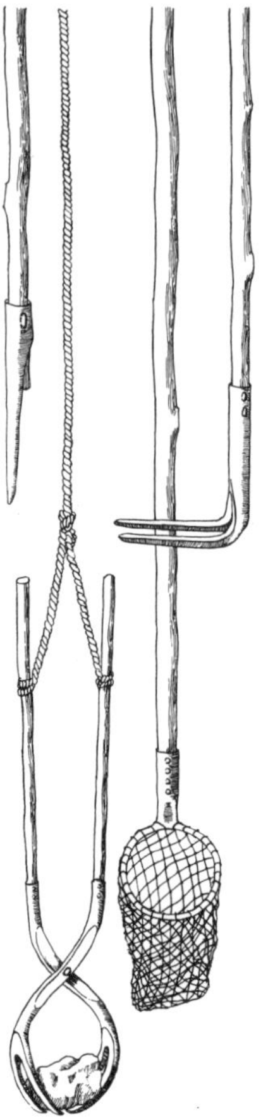

Geräte zum »Bernsteinstechen« vom Boot aus (nach MULICKI, 1951)

Urstromtäler. Vielfach kam der Bernstein zusammen mit Braunkohlenresten in die sandigen Ausfüllungen von Schmelzwasserrinnen und -tümpeln. Solche Ablagerungen sind von Braunkohlesanden oft kaum zu unterscheiden.

Auf diese Weise wurde der Bernstein während der Eiszeit über ein großes Gebiet verstreut. Tatsächlich kann man überall dort, wo es Eis- oder Schmelzwasserablagerungen gibt, prinzipiell auch Bernstein erwarten. Im norddeutschen und nordpolnischen Raum ist er verständlicherweise häufiger als weiter südlich, zum Rand der Mittelgebirge hin. Überall aber ist er sehr ungleichmäßig verteilt. Während man in vielen Gegenden nie ein Stück fand, erlebt man in anderen immer wieder Überraschungen. Bei Sachsenhausen, nördlich von Berlin, fand man 1977 ein 500 Gramm schweres Stück, ein ähnlich großes Exemplar 1984 auf einem Kartoffelacker bei Hagenow in Mecklenburg. In den Kiesgruben im Raum Oranienburg – Bernau gibt es immer wieder beachtliche Funde. Aus dem Zehrengraben bei Osterburg in der Altmark fischt man ihn ebenso wie aus dem Narew bei Nowogród nordöstlich von Warschau.

In der ersten Hälfte des vergangenen Jahrhunderts lieferte eine kleine Sandgrube nahe Zehdenik bei Brandenburg innerhalb von fünf Jahren über 1000 kg Bernstein. Im Abraum von Braunkohlentagebauen stößt man ebenso auf ihn wie dort, wo beim Bau von Straßen, Autobahnen oder Kanälen umfangreiche Erdmassen bewegt werden. Dabei kann es sich um Einzelstücke handeln, aber auch um Vorkommen bernsteinführender Sande mit

Braunkohleresten, aus denen dann manchmal größere Mengen gewinnbar sind.

Die Zahl der binnenländischen Bernsteinfundpunkte ist enorm. Allein im nördlichen Polen ermittelte man über 500.

Bernstein am Meer

Wird ein beachtlicher Bernsteinfund im Binnenland meist mit Überraschung registriert, so ist es an der Küste von Ost- und Nordsee ganz anders: Hier erwartet man ihn. Woher aber kommt der Bernstein, den man am Strand des Meeres so eifrig sucht? Natürlich auch hier aus eiszeitlichen Ablagerungen, aus Resten von Braunkohlensanden oder – sehr selten – von »Blauer Erde«. Werden diese Lockergesteine bei der natürlichen Abtragung der Steilufer vom Wasser aufgearbeitet, gelangt der Bernstein ins Meer. Durch sein geringes spezifisches Gewicht, das nur wenig über dem von Salz- oder Brackwasser liegt, bleibt er bei bewegter See oft in Schwebe. So wird er nicht selten über weite Strecken parallel zur Küste transportiert. Kommt das Wasser zur Ruhe, lagert er sich am Meeresboden ab, vielfach in Buchten oder am Grunde flacher Senken. Bei Baggerarbeiten trifft man dort manchmal auf größere Bernsteinanreicherungen. Werden die Flachwasserzonen von schweren Stürmen bis auf den Grund durchbewegt, gelangt der Bernstein wieder in Schwebe. Bei auflandigem Wind, also wenn dieser ungefähr im rechten Winkel auf die Küste trifft, bringen die anstürmenden Wellen den Bernstein mit zum Strand. Hier bleibt er keinesfalls liegen, sondern wird im Spiel der Wellen hin- und hergeworfen. Erst dann, wenn die See nach dem Sturm zur Ruhe kommt und das

Bernsteinsammler am Strand der Schaabe auf Rügen

Wasser langsam an Transportkraft verliert, bleibt das eine oder andere Stück Bernstein am Spülsaum liegen. Die meisten Stücke werden wieder mit ins Meer zurückgenommen. Das geschieht, oft mit vielen Wiederholungen, fast ausschließlich an den Sandstränden unserer Flachküsten. Dort werden zusammen mit Bernstein auch solche Dinge angespült, die etwa gleiches spezifisches Gewicht und etwa gleiche Größe haben: Holz- und Braunkohlestückchen, Miesmuschelschalen, stabile Reste größerer Tange, Kiefernzapfen u.a. *Sprockholz* nennt man das Ganze, das nach Stürmen auffallende braunschwarze Streifen am Spülsaum des Strandes bildet. Wer Bernstein finden möchte, der sollte zuerst in diesem oft nicht besonders ansehnlichen Sprockholz danach suchen. Dort, wo es besonders grob ist, findet man die größeren Exemplare. Im feineren sind die Stücke häufiger, aber kleiner. Voraussetzung dafür, daß man darin wirklich etwas findet, ist natürlich immer, der Erste »vor Ort« zu sein.

Der erfahrene Bernsteinsammler weiß, daß dieses Sprockholz nach Stürmen oder bei ablaufender Gezeitenflut nicht etwa auf der ganzen Länge der Flachküste ausgeworfen wird. Es gibt ganz bestimmte Stellen, wo es sich immer wieder anhäuft. Wer dann zum rechten Zeitpunkt (wenn das Wasser gerade beginnt, Sprockholz abzulagern) am richtigen Platz ist (meist werden das natürlich die Einheimischen sein), der wird sicher nicht leer ausgehen. Es soll Gegenden an der Ostseeküste geben, wo man nachts mit der Taschenlampe sucht. Kommt man zu spät, so muß man sich mit der Nachlese begnügen.

»Bernsteinstechen« vom Boot aus (in Anlehnung an RUNGE, 1868)

»Sprockholz« mit Bernstein
findet man nach Stürmen
an den Stränden
der Flachküste

Der größte Teil des bernsteinhaltigen Sprockholzes bleibt nach dem Sturm nicht etwa am Strand liegen. Das Wasser nimmt es wieder mit ins Meer zurück. Meist schwimmt oder schwebt es noch einige Stunden in Strandnähe, bevor es später wieder am Grunde abgelagert wird. In dieser Lage kann man auch heute noch an manchen Stellen der Ostseeküste die »Bernsteinfischer« beobachten. Einheimische, in der Regel tatsächlich Fischer, gehen dann – mit Wathosen und Ölzeug angetan – bis ins brusttiefe Wasser hinein. Dort wird mit stabilen Keschern das Sprockholz herausgefischt, an den Strand gebracht, hier ausgekippt und nach dem »Gold des Meeres« durchsucht. Diese Art der Bernsteingewinnung, die schon seit Jahrtausenden betrieben wird, scheint sich auch heute noch zu lohnen. Wer geht denn schon ohne zwingende Notwendigkeit nach einem Februarsturm ins eisige Ostseewasser? Das »Bernsteinstechen« vom Boot aus, bei dem man große Bernsteinstücke vom Grunde des Flachwassers mit Stangen zum Aufschwimmen brachte und herauskescherte, wird wohl nirgends mehr betrieben.

Bernsteingräber (oben) und Bernsteinfischer (unten) – zwei ältere Darstellungen (nach HARTMANN, 1677)

Daß man Bernstein, zumindest an der Ostsee, im Sommer so selten findet, liegt nicht nur daran, daß ihn dann besonders viele Leute suchen. Es fehlen auch die Stürme, die während der kälteren Jahreszeit wesentlich häufiger sind. Weil das winterkalte Wasser eine größere Dichte hat als im Sommer, ist der Bernstein zu dieser Jahreszeit leichter beweglich.

Nennenswerte Strandfunde sind immer dort zu erwarten, wo ganz in der Nähe bernsteinreiche Ablagerungen vom Meer aufgearbeitet werden. So ist Bernstein am Strand

des Samlandes, auf der Weichselnehrung und auf der Kurischen Nehrung sicher am häufigsten im ganzen Ostseeraum. Weiter nach Nordosten hin wird er rasch seltener. Südwestlich, also im Gebiet der Bucht von Gdańsk, gibt es noch reichlich Bernstein am Strand zu finden. An der langen Ausgleichsküste westlich der Halbinsel Hel nimmt seine Häufigkeit wieder ab.

Auf Wolin und Usedom, auf den Nehrungen der Insel Rügen (Schaabe, Schmale Heide, Langer Strand), auf Zingst und vor Prerow findet man ihn nach schweren Nordoststürmen. Auf Hiddensee, dem Westdarß und dem Fischland bei solchen aus Nordwest. Am Ufer der Lübecker und

Auch heute noch wird das »Bernsteinfischen« an manchen Stellen der Ostseeküste betrieben, hier vor Prerow auf dem Darß

»Bernsteinland« an der Nordsee: die Halbinsel Skallingen, der fündigste Bernsteinstrand Jütlands

Kieler Bucht, auf Fehmarn, auf den dänischen Inseln, an der jütländischen Ostküste und der Westküste Schonens – im ganzen Gebiet der Beltsee und des Kattegats – gibt es zwar Bernstein, doch seltener und sporadischer als in den östlich davon gelegenen Gebieten.

Anders ist es an der jütländischen Nordseeküste und an der Deutschen Bucht. Hier sind Bernsteinfunde häufiger als an der westlichen Ostsee. Besonders am Außenstrand der Nordfriesischen Inseln wird – sogar während der Sommersaison – bei ablaufender Flut manches schöne Stück gefunden. Möglicherweise sind auch am Grund der Nordsee, ähnlich wie in Nordjütland, braunkohlenzeitliche Ablagerungen mit Bernstein vorhanden. Sogar an der englischen Nordseeküste wird Bernstein angespült.

Alles Bernstein

Beim ersten Blick auf eine Kollektion »Baltischen Bernsteins« möchte man kaum glauben, daß alle die vielen Varietäten aus dem Harz einer einzigen Kiefernart entstanden sind. Da gibt es ganz klare und schwach getrübte Stücke, aber auch milchige, hell- und dunkelgelbe, ja sogar rötliche

Bei jeder ablaufenden Flut bleibt »Sprockholz« mit Bernstein am jütländischen Strand zurück

oder weißliche. Und doch sind sie alle Ausscheidungen jener Bernsteinkiefer, die während der Älteren Braunkohlenzeit im skandinavischen Raum wuchs. Das Harz der Bernsteinkiefer hatte eine hell- bis honiggelbe Grundfarbe. Es war aber bei seiner Absonderung insgesamt mehr oder weniger stark getrübt. Die vielen Bernsteinvarietäten sind vor allen Dingen auf unterschiedlich intensive Trübung der einzelnen Stücke zurückzuführen. Sie wird verursacht durch mikroskopisch kleine Bläschen, die größtenteils mit Zellsaft (Wasser, ätherische Öle u.a.) gefüllt sind. Dieser Zellsaft wurde stets zusammen mit dem Harz abgesondert. Bei den meisten Stücken blieb die Trübung erhalten.

Ein Dünnschliff von trübem Bernstein, unter dem Mikroskop betrachtet, zeigt eine wolkige Anordnung der Bläschen. Bei manchen Stücken erreichen sie die stattliche Anzahl von 900.000 pro Quadratmillimeter! Solche Stücke haben eine elfen-

Zwischen klargelb und milchigweiß: Varietäten des »Baltischen Bernsteins«

beinartige, weißliche Färbung. Früher gebrauchte man dafür die Handelsbezeichnung *Knochen*.

Unter *Bastard* versteht man jene durchweg getrübte gelbliche Varietät, die im Vergleich zu allen anderen die weitaus häufigste ist.

Eine nur wenig trübe, durchscheinende Abart wird als flomiger Bernstein, kurz *Flom*, bezeichnet. Unter Flomen versteht man im Niederdeutschen Bauch- oder Nierenfett, das geschmolzen (ausgelassen) eine solche Trübung zeigt.

Klargelbe, völlig trübungsfreie Stücke sind sicher die beliebteste Spielart des Bernsteins. Sie verhalfen ihm wohl auch zu seinem Beinamen »Gold des Meeres« oder »Gold des Nordens«. An der Gesamtmasse des gefundenen »Baltischen Bernsteins« sind klare Steine aber nur mit etwa einem Fünftel beteiligt. Größere, einige hundert Gramm schwere Exemplare dieser Varietät gehören zu den Seltenheiten.

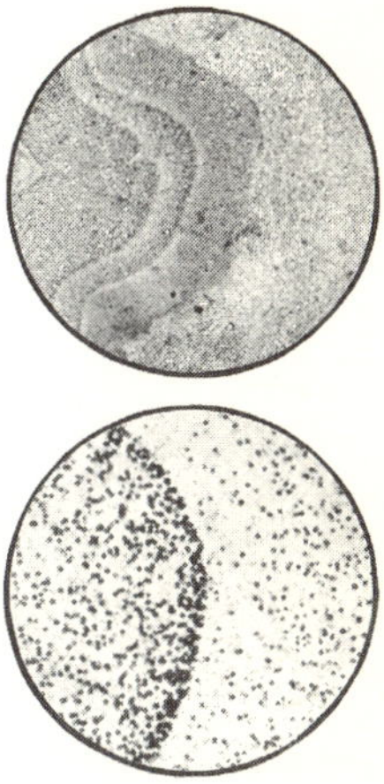

Trüber Bernstein als Dünnschliff, unter dem Mikroskop ist die Bläschenstruktur gut erkennbar, oben 20-fach, unten 150-fach vergrößert (Mikrofoto: Dr. D. KORICH)

»Bastard« – trüber Bernstein, häufigste Spielart des »Baltischen Bernsteins«

Der vielbegehrte
klare Stein

Da man mit Sicherheit annehmen kann, daß ein großer Teil des Harzes ursprünglich Zellsafttröpfchen enthielt, also trüb war, muß klarer Bernstein aus ehemals trübem Harz entstanden sein. Eine gelinde Wärmeeinwirkung war die Voraussetzung für diesen Klärungsvorgang. Sie erreichte natürlich nur solche Stücke, die dem Sonnenlicht und damit der Wärme unmittelbar ausgesetzt waren. Tatsächlich handelt es sich bei den klaren Steinen fast ausnahmslos um Flußformen, die äußerlich am Baum entstanden sind und zwar hauptsächlich um Schlauben. So wird auch verständlich, daß man von dem am meisten geschätzten klaren Bernstein nur vergleichsweise wenige und meist nur kleinere Stücke findet. Hinzu kommt noch, daß klarer Stein spröder ist als die getrübten Varietäten. Bei Umlagerungen durch Flüsse, Eis oder im Meer zerbrach er daher wesentlich leichter. So wird man bei Strandfunden bestimmt bemerken, daß mit abnehmender Größe der Stücke der Anteil klarer Exemplare deutlich zunimmt.

Bei oberflächlicher Betrachtung scheint es noch andere Farben beim »Baltischen Bernstein« zu geben: rötliche, braune, seltener auch grüne, blaue, und sogar schwarze Exemplare werden gefunden. Die Erklärung dafür ist einfach: Klargelbe Stücke färben sich bei beginnender Verwitterung an der Oberfläche wein- bis rubinrot, trübe dagegen dunkelgelb bis rotbraun. Die scheinbar grünliche Färbung mancher Strandfunde wird durch Algen hervorgerufen, die in feine Spalten eingedrungen sind. Lichtbrechungsphänomene an Sprüngen sind die Ursache für einen bläulichen Schimmer. Manche Stücke wurden durch eingeschlossene Pflanzenreste oder Staub extrem stark verunreinigt. Dadurch sind sie olivgrün bis schwärzlich verfärbt und manchmal kaum als Bernstein erkennbar.

Mücken – 40 Millionen Jahre alt

Nur wenige Bernsteinsucher haben wohl das Glück, einmal am Strande ein größeres klares Stück Bernstein mit einer eingeschlossenen Mücke oder Fliege zu finden. Denn selbst dort, wo Bernstein relativ häufig ist, gehört ein derartiger, bereits mit bloßem Auge gut erkennbarer Einschluß zu den Raritäten. Diese Einschlüsse, man verwendet auch den lateinischen Begriff *Inklusen*, sind zweifellos das Interessanteste, was das »Gold des Meeres« zu bieten hat. Betrachtet man Inklusen mit der Lupe oder gar mit dem Mikroskop, so erscheint es kaum glaubhaft, daß sie ebenso alt sein sollen wie der Bernstein selbst – also rund 40 Millionen Jahre. Und dennoch ist

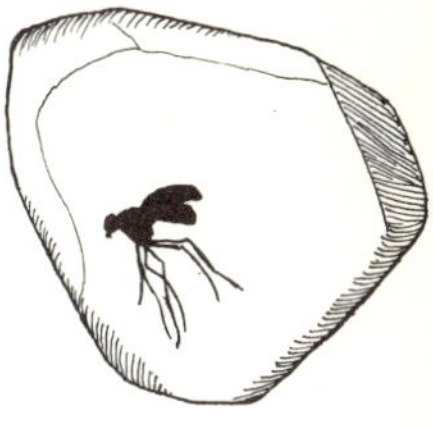

Bernsteininkluse: Langbeinfliege im »Baltischen Bernstein«

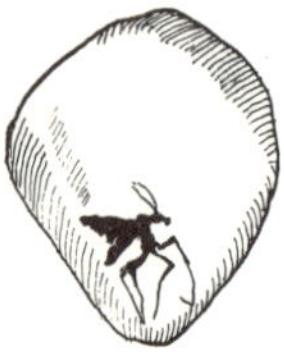

Bernsteininkluse:
Langbeinfliege
im »Baltischen Bernstein«

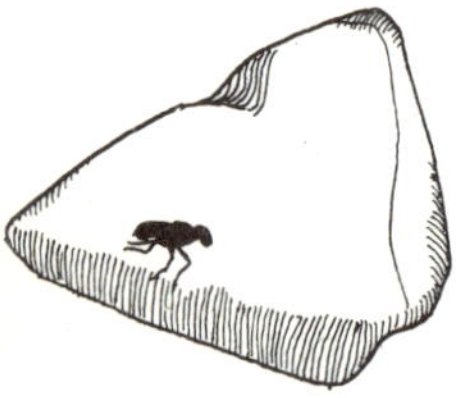

Steinfliege
(»Baltischer Bernstein«)

es so. Die eingeschlossenen kleinen Tiere und Pflanzenteilchen sind ungewöhnlich gut erhalten. Bei manchen denkt man, es wäre ein modernes Kunstharzpräparat.

Am frischen Harzfluß heutiger Nadelbäume kann man leicht die Entstehung von Einschlüssen beobachten. Kleinere Tiere,

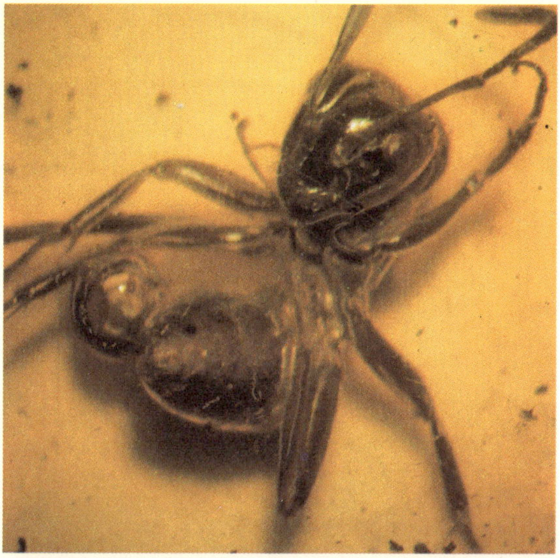

Ameise
(»Baltischer Bernstein«)

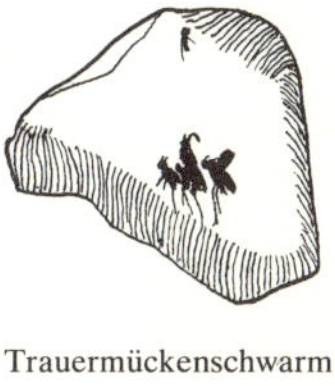

Trauermückenschwarm
(»Baltischer Bernstein«)

meist Insekten, am häufigsten Fliegen und Mücken, bleiben beim zufälligen Vorüberfliegen oder Herumlaufen mit ihren Flügeln oder Beinen auf der klebrigen Harzmasse hängen, die man durchaus als »Fliegenfänger« bezeichnen könnte. Einige werden vom feuchtglänzenden Harz angelockt.

Andere Tierchen und kleine Pflanzenteile trägt der Wind dorthin. Meist sorgt schon der nächste Harzfluß für die rasche und vollständige Einbettung der festklebenden Organismen.

Die Genese von Inklusen im »Bernsteinwald« ging bestimmt ganz ähnlich vor sich.

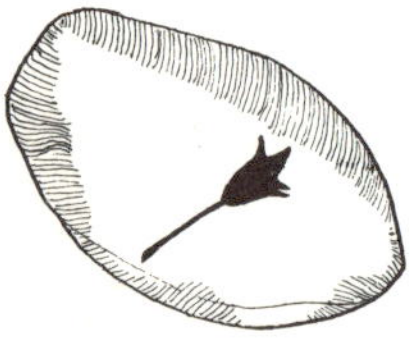

Kelchblätter einer Blüte (»Baltischer Bernstein«)

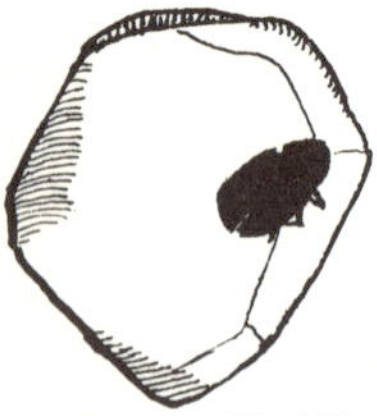

Blattkäfer (»Bitterfelder Bernstein«)

Setzt man noch einen stärkeren Harzfluß der Bernsteinkiefer voraus, so waren die Chancen für die Bildung solcher natürlichen »Konserven« sicherlich erheblich größer als heute. Verständlich ist auch, daß Inklusen fast ausschließlich in Stücken zu finden sind, die aus Harzflüssen außen am

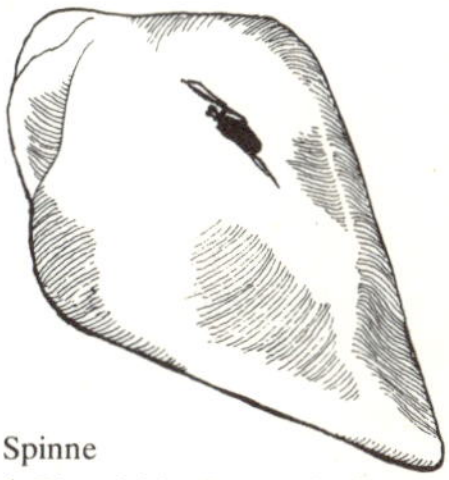

Spinne
(»Bitterfelder Bernstein«)

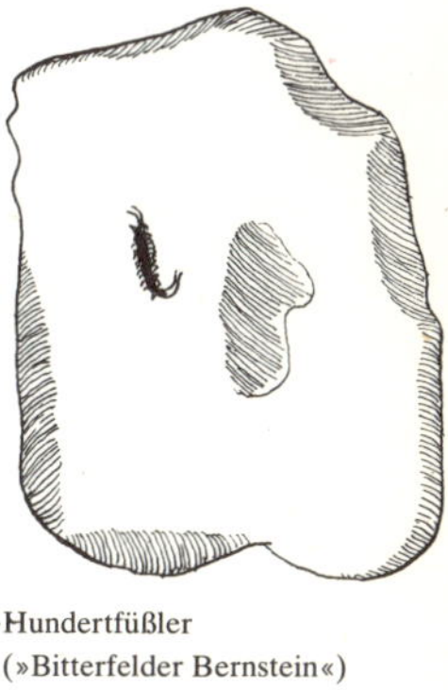

•Hundertfüßler
(»Bitterfelder Bernstein«)

Baum entstanden. Daher sucht man sie in den klargelben Schlauben und Zapfen.

Perfekte Fossilien

Die im »Baltischen Bernstein« eingeschlossenen Reste von Leben aus der Älteren Braunkohlenzeit kann man – wie auch die Inklusen anderer Bernsteinarten – mit gutem Recht als perfekte Fossilien der Erdgeschichte bezeichnen. In keinem anderen Gestein blieben Reste empfindlichster Lebewesen so gut erhalten, daß noch heute allerfeinste Einzelheiten, winzigste Härchen, ja sogar mikroskopisch kleine Details erkennbar sind. So ist es auch nicht verwunderlich, daß die im Bernstein konservierten Reste von Flora und Fauna schon seit langer Zeit beliebte Studienobjekte der Wissenschaftler sind. Aus Tausenden Tonnen von Bernstein, die bisher aus den Lagerstätten gefördert oder am Strand aufgelesen wurden, sammelte man Hunderttausende von Inklusen heraus, untersuchte und bestimmte sie. Das Ergebnis ist ein umfassendes Bild der Kleintierfauna des »Bernsteinwaldes«. Die häufigsten Einschlüsse im »Baltischen Bernstein« sind Fliegen und Mücken verschiedenster Art. Sie sind zu über 50 Prozent an der Gesamtzahl aller gefundenen Individuen beteiligt – ähnlich wie heute in unserer heimatlichen Natur. Allerdings handelt es sich dabei nicht um Stubenfliegen oder Stechmücken, sondern meist um wesentlich kleinere Arten, z.B. um Langbein- und Steinfliegen, um Pilz- und Zuckmücken. Daneben sind andere Insekten in riesiger Artenzahl bekannt: über 450 Käfergattungen, 60 Ameisenarten, Libellen, Schaben, Heuschrekken, Blattläuse, Zikaden ... Neben den Insekten gibt es über 200 Spinnenarten, Tausendfüßler, Asseln, Würmer und Schnekken.

Alle diese Inklusen erwecken von außen den Eindruck, als wären sie erst kürzlich in das Harz eingebettet worden, jedoch ihr Inneres ist hohl. Die Überbleibsel der Chitinhülle, der Gewebe und Organe bilden eine hauchdünne Schicht an den Wänden dieser Hohlräume.

Einschlüsse größerer Tiere gibt es verständlicherweise nicht. Diese Tiere konnten sich aus der klebrigen Harzmasse befreien. So kennt man von Wirbeltieren nur Haare, Federn und die Haut einer Eidechse. Eigenartigerweise sind, obwohl der Bernstein im Wald entstand, bestimmbare pflanzliche Inklusen gegenüber den vielen Kleintiereinschlüssen eine Seltenheit. Ein Grund dafür ist sicher, daß solche Pflanzenteile ja nur durch den Wind zum Harz kommen konnten. Trotzdem kennt man inzwischen Reste von über 100 verschiedenen Blütenpflanzen aus dem »Baltischen Bernstein«, fast 40 Nadelgehölze, viele Gräser, Farne und Moose.

Sucht man nach heutigen Verwandten jener braunkohlenzeitlichen Tiere und Pflanzen und betrachtet die Biotope, in denen diese leben, so ergeben sich recht interessante Schlüsse. Man nimmt an, daß der »Bernsteinwald« ein feuchtes Mischwaldgebiet mit vielen Bächen in einem Hügel- bis Bergland war. Unsere Kenntnisse ergeben ein bis in feinste Einzelheiten differenziertes Bild dieser rund 40 Millionen Jahre zurückliegenden Zeit. Die Bernsteininklusen lieferten dazu einen ganz wesentlichen Beitrag.

Inklusen – vielbegehrte Raritäten

Solche Strandwanderer, die nun bei ihrer Bernsteinsuche auf eine interessante Inkluse hoffen, werden fast immer enttäuscht sein. Unter zwei- oder dreihundert Stücken hat man oft nur ein einziges mit einem makroskopisch gut erkennbaren Einschluß. Jedes Exemplar der klargelben Varietät sollte aber unbedingt mit einer starken Lupe durchgesehen werden. Auf diese Weise entdeckt man bestimmt wesentlich mehr Inklusen – nur eben sehr kleine. Manchmal läßt sich durch die Verwitterungsrinde eines Stückes der Einschluß zwar ahnen, aber doch nicht klar erkennen. Hier helfen nur der Schliff und die Politur des Steines (siehe Seite 79).

Die Seltenheit großer, schöner Inklusen, ihr hoher Preis, den sie deshalb erzielten, war in den vergangenen Jahrhunderten immer wieder Anreiz zu Fälschungen. Ein klares Stück, oft eine Schlaube, wurde in zwei Hälften geteilt. Darin schuf man durch kunstvollen Schliff eine Hohlform, legte das einzubettende Tier in diese hinein und verklebte das Ganze. Manche Fälschungen sind so perfekt hergestellt, daß sie kaum als solche erkennbar sind. Man beschränkte sich aber bei den Fälschungen nicht auf Tiere, die natürlicherweise im Bernstein eingeschlossen sind. Manchmal bettete man vollständige Eidechsen, ja sogar kleine Fische oder Frösche ein. Allein daran ist zu erkennen, daß es sich nicht um echte Inklusen handelt.

Wie erkennt man Bernstein?

Mit einer Handvoll gelbglänzender Steine kommt ein Strandwanderer von seiner Bernsteinsuche zurück. Doch nun, da die Stücke trocken und damit stumpf werden, kommen ihm doch Zweifel: Ist das wirklich alles Bernstein? Wer dessen Eigenschaften gut kennt, wird ihn von ähnlichen Dingen sicher zu unterscheiden wissen – von abgeschliffenem gelben Glas, von abgerollten Donnerkeilen, von gelblichen Quarzen (Kieselsteinen).

Bernstein ist brennbar. Schon mit einem Streichholz kann man ihn entzünden. Er brennt mit heller, stark rußender Flamme. Sein Name rührt von dieser Eigenschaft her. *Börnen* ist das niederdeutsche Wort für brennen. Aus dem *Börnstein* wurde der Bernstein. Beim Verbrennen entsteht ein stark aromatischer Geruch, und zurück bleibt ein schwarzglänzender, widerstandsfähiger, harter Schmelzfluß. Eine praktikable Probe auf die Echtheit des Bernsteins ist das Anbrennen jedoch sicher nicht.

Bernstein ist leicht. Präziser gesagt: sein spezifisches Gewicht (Dichte) ist, verglichen mit dem anderer Gesteine, sehr gering. Es beträgt nur etwa 1,05 bis 1,1 Gramm pro Kubikzentimeter. Damit ist es nur wenig größer als das von Wasser. Mischt man viel Salz ins Leitungswasser (etwa zwei Eßlöffel Kochsalz auf $^1/_4$ Liter), so erhält man eine Salzlösung, deren Dichte größer ist als die des Bernsteins. Er schwimmt darauf. Alles andere sinkt sofort zu Boden. Trübe Bernsteinstücke haben eine etwas geringere Dichte als klare, verwitterte Stücke eine etwas größere als unverwitterte.

Bernstein ist weich. Er ist nur wenig härter als ein Fingernagel. Seine Härte liegt in der

Bernstein brennt

Bernstein sinkt im Süßwasser (links) sofort zu Boden, schwimmt aber in konzentrierter Salzlösung (rechts)

mineralogischen Härteskala zwischen der von Gips (Härte 2) und der von Kalkspat (Härte 3). Er läßt sich leicht mit einer Nadel ritzen. Die von manchen Bernsteinsammlern praktizierte »Beißprobe« beruht darauf, daß man leicht erkennt, ob man auf einen sehr harten Kieselstein oder auf einen weichen Bernstein beißt. Den Zähnen dürfte diese Probe nicht guttun.

Bernstein isoliert. Er hat einen hohen elektrischen Widerstand. Daher lädt er sich beim Reiben auf Wolle oder Kunstfasern statisch auf. Größere Exemplare sind dann in der Lage, winzige Papierschnipsel anzuziehen. Diese Probe ist erfahrungsgemäß nur bedingt geeignet, die Echtheit ungeschliffener Fundstücke zu überprüfen. Bei winzigen Bernsteinbröckchen, wie man sie in der Mehrzahl am Strand findet, mißlingt der Versuch oft. Sie sind zu klein dafür.

Bernstein glänzt. Er hat eine hohe Lichtbrechung. Geschliffene Stücke und solche, die man noch feucht am Strande aufliest, zeigen daher einen auffallenden Glanz – eine markante Eigenschaft der Edelsteine. Trotzdem ist Bernstein weder ein Edel- noch ein Halbedelstein. Dazu fehlt ihm deren große Härte. Man sollte ihn als Schmuckstein bezeichnen.

Bernstein ist kein Mineral. Er ist chemisch und physikalisch keinesfalls homogen, sondern besteht aus einer Vielzahl verschiedener Verbindungen von Kohlenstoff mit Wasserstoff, Sauerstoff (Summenformel etwa $C_{10}H_{16}O$) und ein wenig Schwefel. Im Wasser ist er absolut unlöslich. Anders ist es mit organischen Lösungsmitteln, in denen er sich bis zu einem Viertel löst. (Bernsteinschmuck sollte nie mit Benzin, Spiritus, Fleckenwasser oder Farbverdünnung in Berührung kommen!)

Nur im Wasser gut aufbewahrt?

Im Wasser und in wassergesättigten Gesteinsschichten überdauert Bernstein geologische Zeiträume – Millionen von Jahren. Kommt er aber an die Luft, oder lagert er in trockenen Lockergesteinen oberhalb des Grundwasserspiegels, so zeigt er schon nach einigen Jahrzehnten deutliche Anzeichen einer Veränderung. Winzige Haarrisse überziehen das ganze Stück. Die Färbung wird oberflächlich merklich dunkler. Klare Stücke werden rötlich, getrübte mehr bräunlich. Diese Erscheinungen sind die Folge der »natürlichen Alterung« des Bernsteins, einer fortschreitenden Oxydation und Polymerisation an der Luft – der Verwitterung. Geht der Prozeß weiter, so werden die Stücke langsam von außen nach innen zermürbt. Die dabei entstehende, stark rissige Verwitterungsrinde kann man zwischen den Fingerspitzen zu einem gelblichen Mehl zerreiben.

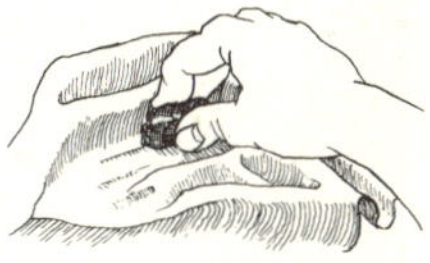

Bernstein lädt sich beim Reiben auf Stoff aus Wolle oder Kunstfasern statisch auf

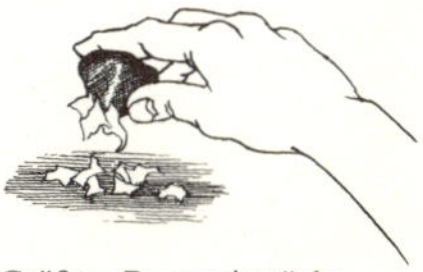

Größere Bernsteinstücke ziehen Papierschnipsel an

Da die Verwitterung nur durch völligen Luftabschluß unterbunden werden kann, bereiten Bernsteinkunstwerke in Museen und Sammlungen den Konservatoren und Restauratoren enorme Probleme. Jahrhundertealte Kleinode der Bernsteinkunst sind durch die Verwitterung teilweise so zermürbt, daß man sie kaum berühren darf. Inzwischen wurden jedoch Möglichkeiten gefunden, wenigstens die Oberfläche solcher Kostbarkeiten durch Tränkung mit geeigneten Chemikalien zu verfestigen.

Wer hat das größte Stück?

Der Harzfluß der Bernsteinkiefer war sicher beachtlich. Die Bildung kiloschwerer Harzklumpen dürfte aber doch eher die Ausnahme als die Regel gewesen sein. So ist verständlich, wenn heute besonders große Stücke zu den echten Raritäten gehören. Strandfunde mit einem Gewicht von

Bernsteinstücke mit Verwitterungsrinde

Eines von den größten Stücken »Baltischen Bernsteins«: dieser Brocken wiegt fast zehn Kilogramm (Museum für Naturkunde, Berlin)

500 Gramm und mehr sind daher, selbst nach schweren Stürmen, recht selten. Ungewöhnlich große Stücke stammen fast immer aus bernsteinführenden Ablagerungen, in denen sie jedoch keinesfalls häufiger vorkommen.

Eines der größten bekannten Stücke wiegt 9.750 Gramm und ist heute in der Ausstellung des Museums für Naturkunde in Berlin zu bewundern. Es wurde 1890 bei Rarwin (in der Nähe des heutigen Kamień Pomorski) ausgegraben. Ein in der Literatur erwähntes Zwölfkilostück »Baltischen Bernsteins« soll in Dänemark gefunden worden sein. Es wäre damit das größte, heute bekannte Stück.

Große Bernsteinbrocken sind immer undurchsichtig trüb *(Bastard)* und meist nicht von besonderer Schönheit. Klare Stücke dieser Dimension gibt es beim »Baltischen

Bernstein« nicht, was durch die schon beschriebene Art und Weise seiner Bildung leicht verständlich ist.

Bernsteine auf der ganzen Erde

Der »Baltische Bernstein« ist nicht die einzige Bernsteinart auf der Erde. Auch alle anderen fossilen (versteinerten) Harze, die älter sind als eine Million Jahre, bezeichnet man als Bernstein. Noch vor ungefähr 50 Jahren war kaum ein Dutzend verschiedener Arten beschrieben. Inzwischen wurde die geologische Erkundung der Erdoberfläche weltweit so stark forciert, daß man laufend neue Bernsteinvorkommen entdeckte und immer noch entdeckt. Heute sind schon über 300 verschiedene Bernsteinarten von nahezu allen Erdteilen bekannt. (Die Karte zeigt nur eine kleine Auswahl der wichtigsten europäischen Arten.)

Bernsteinvorkommen findet man fast ausnahmslos in Ablagerungen, die entweder in festländischen Gewässern oder am Meeresgrunde entstanden sind. Viele dieser Sedimente sind noch locker, andere dagegen – harte Sandsteine und Tonschiefer – schon stark verfestigt. In ihnen kommt Bernstein oft zusammen mit Kohlestückchen vor. Nur ganz wenige andere Arten außer dem »Baltischen Bernstein« werden, so wie er, auch am Strande des Meeres gefunden.

Die ältesten bernsteinähnlichen Bildungen stammen aus dem Erdaltertum und sind rund 300 Millionen Jahre alt. Man findet sie in den Steinkohlenlagerstätten Westeuropas. Häufiger sind Bernsteine aus dem Erdmittelalter, besonders aus Jura und Kreidezeit. Die meisten Arten stammen jedoch aus dem Tertiär – der Braunkohlenzeit – also aus der Erdneuzeit.

Die Lieferanten für widerstandsfähige Harze waren, soweit sie bekannt sind, keinesfalls nur Nadelbäume. Auch ganz unterschiedliche Laubgehölze, z.B. Schmetterlingsblütler, sonderten solche Harze ab. Verwandte jener Pflanzen sind heute meist in der tropischen Klimazone beheimatet. Nicht in allen Bernsteinarten gibt es Inklusen. Gegenwärtig kennt man nur etwa 30 Arten mit Einschlüssen.

Von manchen Bernsteinen fand man bisher nur einige wenige Bröckchen. Viele andere kommen in größerer Menge vor, eignen sich jedoch nicht für Schmuckzwecke. Oft sind sie dafür zu spröde. Eine solche Bedeutung wie der »Baltische Bernstein« erreichen aber auch jene nicht, die man zu Schmuck verarbeiten kann. Keine der im folgenden erwähnten Bernsteinarten wird auch nur annähernd in so

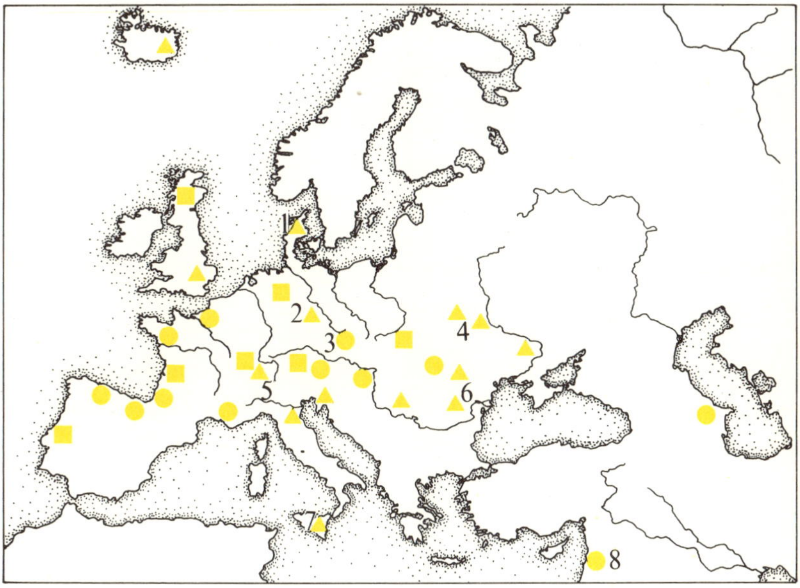

Vorkommen ausgewählter europäischer Bernsteinarten (ohne »Baltischen Bernstein«)
1 – »Jütländischer Bernstein«;
2 – »Bitterfelder Bernstein«;
3 – »Mährischer Bernstein«;
4 – »Ukrainischer Bernstein«;
5 – Bernsteinvorkommen bei Freiburg/Schweiz;
6 – »Rumänischer Bernstein«;
7 – »Sizilianischer Bernstein«;
8 – »Libanon-Bernstein«

großer Menge und nur ganz wenige mit so gleichbleibender Schmuckqualität gefunden.

Die interessantesten Arten aus der Bernsteinfamilie

Noch im Verbreitungsgebiet des »Baltischen Bernsteins« liegt die erst seit kurzer Zeit bekannte Lagerstätte eines etwas jüngeren Bernsteins – des »Bitterfelder« oder auch »Sächsischen Bernsteins«. Man findet ihn in beachtlicher Menge in der Nähe von Leipzig beim Abbau der Braunkohle in sandig-kohligen Ablagerungen unter den Flözen. Dieser Bernstein entstand im Jungtertiär vor ungefähr 22 Millionen Jahren, ebenfalls aus dem Harz von Nadelbäumen – aber nicht aus dem der Bernsteinkiefer. Der »Bitterfelder« ist vom »Baltischen Bernstein« nur außerordentlich schwer, das heißt nur mit Hilfe aufwendiger Analysen zu unterscheiden. Er ist ihm in Schönheit und Schmuckqualität absolut ebenbürtig. Obwohl er erst seit einigen Jahren abgebaut wird, lieferte er schon eine große Anzahl herrlicher Inklusen.

Auch die Vorkommen des »Ukrainischen Bernsteins« liegen noch im Verbreitungsgebiet des »Baltischen Bernsteins«. Beide sind etwa gleichaltrig. Jedoch unterscheiden sich die hier gefundenen Stücke durch ihre besondere Farbe – ein kräftiges Grüngelb – deutlich von ihm.

Im Vorgebirge der rumänischen Karpaten, z.B. bei Colţi am Buzău, gewinnt man den »Rumänischen Bernstein«, wenige hundert Kilogramm im Jahr, in Stollen aus harten Sandsteinschichten. Dieser sogenannte *Rumänit* ist meist klar und erhält beim Schliff einen ganz eigenen Reiz durch

Klare Stücke des »Bitterfelder Bernsteins«

feine Risse und Sprünge, die fast jedes Stück durchsetzen. Sie entstanden wahrscheinlich, als der Bernstein im Muttergestein durch die Hitze und den Druck von Gebirgsbildungsvorgängen beansprucht wurde. »Rumänischer Bernstein« ist nur wenig jünger als »Baltischer Bernstein« und enthält Inklusen.

Ein wesentlich höheres geologisches Alter haben die »Mährischen Bernsteine«. In der Nähe von Boskovice bei Brno wird z.B. der als *Walchowit* bezeichnete Bernstein gefunden – ein ausschließlich undurchsichtiger, wachsgelber Bernstein. Er stammt aus der Kreidezeit und ist rund 100 Millionen Jahre alt.

»Sizilianischer Bernstein« ist seit dem Altertum als Schmuckstein bekannt. Dieser *Simetit* aus der Umgebung von Catania ist nur etwa halb so alt wie der »Baltische Bernstein«. Die überwiegend roten Steine werden auch am Strand des Mittelmeeres gefunden, besonders nahe der Mündung

»Rumänischer Bernstein« aus dem Karpatenvorgebirge bei Buzau

Plaffeiit – kleine Bröckchen von sprödem Bernstein in hartem Sandstein aus Plaffeien bei Freiburg/Schweiz

Walchowit – kreidezeitlicher Bernstein aus der Nähe von Boskovice/ČSSR

»Libanon-Bernstein« ist spröde, er lieferte die ältesten Inklusen

»Dominikanischer Bernstein«, ihn gibt es auch in einer bläulichen Varietät

Kopal, aufgesammelt an der angolanischen Küste

Bernsteinbär – jungsteinzeitliches Amulett, etwa 3500 Jahre alt (Kulturhistorisches Museum Stralsund)

des Flusses Simeto, von dem man seinen Namen herleitete.

Ebenso rot gefärbt sind viele Stücke des südostasiatischen »Burma-Bernsteins« *(Burmit)*. Er wird gern zu Schmuck verarbeitet. Größere Exemplare sind keine Seltenheit. Das schwerste gefundene Stück soll 15 Kilogramm gewogen haben. Den wohl größten Bernsteinklumpen überhaupt, einen von über 17 Kilogramm, lieferte übrigens eine australische Bernsteinart.

Der »Libanon-Bernstein« ist etwa 125 Millionen Jahre alt, stammt also aus der Kreidezeit. Er ist für Schmuckzwecke unbrauchbar. Dafür enthält er aber ausgezeichnete Einschlüsse aus einer Zeit rund 80 Millionen Jahre vor der Bildung des »Baltischen Bernsteins«. Das sind die ältesten Inklusen. Berühmt wurde eine in ihm eingeschlossene Vogelfeder – erdgeschichtlich nur wenig jünger als der Urvogel Archaeopteryx. Der »Libanon-Bernstein« ist vermutlich eine Absonderung von Araukarien (zu ihnen gehören unsere Zimmertannen).

Auf der Insel Haiti gewinnt man den »Dominikanischen Bernstein«. Er entstand vor 35 Millionen Jahren, aus dem Harz baumartiger Leguminosen (Schmetterlingsblütler). Der Anteil klargelber Stücke mit Inklusen ist bei ihm außergewöhnlich groß. Manche faustgroßen Stücke enthalten bis zu 1000 kleiner Fliegen. Eine Libelle mit sechs Zentimeter Flügelspannweite hält den Größenrekord aller im Bernstein eingeschlossenen Insekten. Ein Teil des auch als Schmuckstein sehr beliebten »Dominikanischen Bernsteins« erscheint bei auffallendem Licht blau gefärbt, im Durchlicht jedoch normal gelb.

Auf dem afrikanischen Kontinent fand man bisher keinen Bernstein. Dafür aber jene jüngeren, bernsteinartigen Harze tropischer Laubbäume, die man als *Kopal* bezeichnet. Sie sind weicher, weniger widerstandsfähig und lassen sich daher schlecht bearbeiten. Man findet sie an manchen Stellen sogar am Strand, beispielsweise an der angolanischen Atlantikküste.

Viele andere bemerkenswerte Bernsteinarten wären noch aufzuzählen. Das intensive Studium von Bernstein und Bernsteininklusen, wie es heute in manchen geologischen Instituten und Museen betrieben wird, ist kein Selbstzweck. Es trägt dazu bei, unsere Kenntnisse vom festländischen Leben in der jüngeren Erdgeschichte zu erweitern und abzurunden.

Seit Jahrtausenden beliebt

Es ist nur allzu verständlich, wenn unsere steinzeitlichen Vorfahren im Nord- und Ostseeraum ihr eben erwachendes Schmuckbedürfnis zuerst mit jenen glänzenden Steinen befriedigten, die sie in großer Menge unmittelbar am Ufer des Meeres fanden. Sie merkten sehr rasch, daß dieses »Gold des Meeres« leicht zu bearbeiten war. So entstanden Bernsteinperlen, -prismen und -kugeln. Man schnitzte kleine Menschen- und Tierfigürchen, die vermutlich kultische Bedeutung hatten. In den Küstengebieten von Ost- und Nordsee findet man steinzeitlichen Bernsteinschmuck besonders oft, und zwar hauptsächlich als Beigaben in den Großsteingräbern. Selten aber sind regelrechte »Bernsteinschätze«, wie der von Skive am Limfjord in Jütland (Skive-Museum). Er besteht aus 13000 Einzelstücken!

Schatulle von Christian Maucher – Danzig, Ende 17. Jahrhundert (Museum Malbork)

Während die meisten dieser 4000 bis 5000 Jahre alten Fundstücke stark zermürbt sind, bleiben solche, die im Moor oder am Grunde von Gewässern lagerten, fast unverändert. In einem Moor des Odermündungsgebietes wurde im vergangenen Jahrhundert ein solches, besonders kunstvoll gearbeitetes steinzeitliches Amulett gefunden: ein handlanger Bernsteinbär (Kulturhistorisches Museum Stralsund). Aus dem Kurischen Haff barg man Ende des vergangenen Jahrhunderts beim Baggern nach Bernstein ebenso wohlerhaltene wie originell geschnitzte Figürchen (Geologische Sammlung der Universität Göttingen).

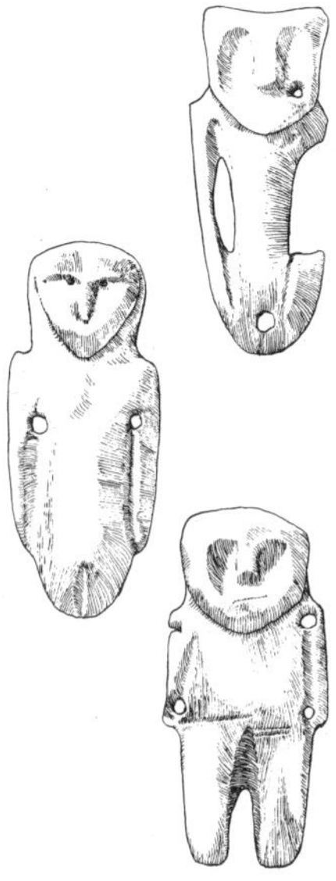

Von der Steinzeit an kann man den Weg des Bernsteins lückenlos durch die gesamte Kulturgeschichte verfolgen. Als Schmuck, im Kunsthandwerk, als Mittel in der Volksheilkunde und nicht zuletzt als Handelsobjekt war er zu jeder Zeit gesucht.

Schon vor 3000 Jahren war er so weit verbreitet, daß man bronzezeitliche Bernsteingegenstände an zahlreichen Stellen im mitteleuropäischen Binnenland, ja sogar in Südeuropa fand. Bereits damals war Bernstein also Tausch- und Handelsobjekt. Der größte Teil stammte aus dem Nordseeküstengebiet, wo er sicher ausschließlich bei der Strandlese gewonnen wurde. Noch während der Römischen Kaiserzeit, in der Bernstein sehr stark »in Mode« kam, sprach man von den »Bernsteininseln« (Glessariae). Gemeint sind die friesischen Inseln, als damals wichtigstes Liefergebiet. Als der Bernstein in jenem Teil der Nordseeküste allmählich knapp wurde, erschloß man noch während der Römerzeit die überaus reichen Bernsteinvorkommen östlich der Weichsel. Der Verlauf der Handelswege, der »Bernsteinstraßen«, auf denen damals der Bernstein aus dem Ostseeraum nach Rom gelangte, ist heute noch bekannt.

In Rom selbst erfreute sich das »Gold des Meeres«, vor allen Dingen im ersten Jahrhundert unserer Zeitrechnung, ungewöhnlich großer Beliebtheit. Unter Neros Regierung wurde eine kleine Bernsteinfigur höher bezahlt als ein Sklave. Römische Funde zeugen von künstlerischer Perfektion der Bernsteinbearbeitung. Es ist überliefert, daß bei manchen Gladiatorenkämpfen die Waffen und das Interieur der Arena bernsteingeschmückt waren. Mit den Römern kam auch der Bernstein in viele Länder rings um das Mittelmeer. Aber nicht alle Funde aus dieser Zeit müssen aus »Baltischem Bernstein« gefertigt sein – der »Sizilianische« war damals bestimmt schon bekannt.

Steinzeitliche Bernsteinamulette von verschiedenen Fundorten an der südlichen Ostseeküste

In den Küstengebieten von Nord- und Ostsee blieb Bernstein in der Ära des Römischen Imperiums und bis ins frühe Mittelalter hinein ein für jedermann wohlfeiler Schmuckstein. Sowohl bei germanischen, häufiger aber noch bei den slawischen Stämmen war er in Gebrauch. Jeder durfte am Strande sammeln – wo und wieviel er wollte. Bernstein war stets Eigentum des Finders. Die Slawen an der südlichen Ostseeküste fertigten aus ihm Spinnwirtel, Perlen und kleine Amulette. Solche im 9. bis 11. Jahrhundert entstandenen Gegenstände wurden beispielsweise bei den Grabungen in Wolin und Ralswiek/Rügen gefunden.

»Bernsteinregal« und Bernsteindreherzünfte

Mit der Herausbildung der Feudalstaaten wurde im 12./13. Jahrhundert der am Strand gefundene Bernstein fast überall uneingeschränkt zum Eigentum des Landesherrn erklärt. Der Deutsche Ritterorden, seit 1226 im Besitz der reichsten Bernsteinvorkommen, erließ das »Bernsteinregal« (Regal im Sinne einer Regelung, Anordnung). Darin wurde dieser Besitzanspruch bekräftigt, und harte Strafen erwarteten jeden, der einen Fund nicht ablieferte. Über Jahrhunderte lastete auf den Bewohnern der Küstenorte des Samlandes die schwere Fron des Bernsteinsammelns für den Orden. Wer das Sammeln heimlich betrieb und den Bernstein unterschlug, dem drohte hier im Mittelalter der Galgen. Es ist verbürgt, daß der samländische Vogt von Loosenstein jeden, den er bei unbefugter Bernsteinlese antraf, augenblicklich am nächsten Baum aufhängen ließ. Der Strand des Samlandes durfte von Einheimischen nur bei Tage und von Fremden überhaupt nicht betreten werden. Die Verarbeitung von Bernstein war im Ordensstaat lange Zeit verboten, denn man befürchtete einen allzu leichten Absatz unterschlagener Funde. Schließlich brachte der Handel mit Rohbernstein dem Orden einen beachtlichen Teil seiner Einnahmen. Daher entstanden die wichtigsten Bernsteinmanufakturen – die Zünfte der Bernsteindreher – zuerst weit entfernt von den Fundplätzen: in Brügge (1302) und Lübeck (1310), erst viel später auch in Danzig (1477) und Königsberg (1641).

Das hohe Mittelalter war die Zeit der Rosenkränze, der »Paternoster«. Bernstein wurde fast ausschließlich zu solchen Gebetsperlenketten verarbeitet. Man nannte die Bernsteindreher aus diesem Grunde auch »Paternostermacher«. Aus dem 13. bis 15. Jahrhundert sind nur wenige andere

Bernsteinarbeiten erhalten. Als das Ordensgebiet und damit das Samland im 17. Jahrhundert unter preußische Oberhoheit kam, fand das »Bernsteinregal« weiterhin Anwendung – in ähnlicher Form bis hinein ins 19. Jahrhundert. Zwar waren nun die Strafen bei Unterschlagungen nicht mehr so drastisch wie vorher, doch die Ablieferung aller Funde (auch die Ausbeute aus der Bernsteingräberei, -fischerei und -tauche-

Sechseckige Schraubflasche aus Bernstein mit Elfenbeineinlagen – Danzig, um 1680 (Staatliche Kunstsammlungen Dresden, Grünes Gewölbe)

rei), gegen geringes Entgelt an den Staat oder den Pächter, blieb Gesetz.

Die Bernsteingewinnung auf dem Samland und in anderen Küstengebieten Preußens wurde gegen Entrichtung hoher Gebühren zeitweise an Privatpersonen verpachtet. Die im Vergleich mit Ostpreußen wesentlich weniger bedeutende Strandlese auf dem Fischland und dem Darß war beispielsweise durch Vertrag von 1843 gegen ein jährliches Pachtgeld von sechs Reichstalern an einen »Arbeitsmann« Möller aus Prerow vergeben. In anderen Küstenländern kannte man ähnliche Regelungen für den vom Meer angespülten oder aus dem Meer gefischten Bernstein. Jacob Hansen, Bernsteindreher aus Kopenhagen, erhielt 1626 vom dänischen Prinzen Christian V. die Bewilligung, allen Bernstein von den Küsten Dänemarks aufsammeln zu lassen. Lange Zeit waren die jütländischen Strandvögte u.a. auch mit der Bernsteinlese betraut. Bei dessen Verkauf erhielten sie die Hälfte des Erlöses; die andere Hälfte floß in die königliche Staatskasse.

Kleine Schatulle – Danzig, 17./18. Jahrhundert (Museum Malbork)

Schachfiguren – Danzig, 17./18. Jahrhundert (Museum Malbork)

Blütezeit der Bernsteinkunst

Im 16. und 17. Jahrhundert erreichte die Bernsteinverarbeitung ihren künstlerischen Höhepunkt. Das wachsende Repräsentationsbedürfnis der Fürsten verlangte nach immer neuen Bernsteinarbeiten. In den namhaften Manufakturen, besonders in Danzig und Königsberg, entstanden kostbare Kunstwerke aus Bernstein. Zusammen mit Edelhölzern, Edelmetallen und Elfenbein verarbeitete man ihn zu Bechern, Humpen, Kannen, Pokalen, Schraubflaschen, Leuchtern, Schatullen und Schachfiguren. Bernsteinschnitzereien höchster Perfektion – Reliefs und kleine vollplastische Figuren oder Figurengruppen – wurden geschaffen. Größere Gegenstände, wie Bernsteinschränke, Reliquienschreine und kleine Altäre, *inkrustierte* man, d. h. man klebte den Bernstein auf einen Holzkern. Kunstwerke dieser Art sind heute die Zierde vieler Museen in Europa.

Bernsteindrechsler in der Region Kurpie/Nordostpolen (nach einem Foto von CHĘTNIK)

Das bekannteste und zugleich größte Bernsteinkunstwerk überhaupt, das legendäre Bernsteinzimmer des Preußenkönigs Friedrich I., ist heute verschollen. Es entstand 1701 bis 1713 unter maßgeblicher Beteiligung Danziger Bernsteinmeister im Schloß Charlottenburg in Berlin. Schon 1716 machte es Friedrich Wilhelm I. dem russischen Zaren Peter I. bei dessen Besuch in der preußischen Hauptstadt zum Geschenk. Es wurde daraufhin nach Petersburg transportiert und um 1760 im Schloß Zarskoje Selo (heute Schloß Puschkin) eingebaut. Die über zehn Meter langen und fünf Meter hohen Wände waren vollständig mit geschliffenen Bernsteinstückchen inkrustiert. Dazu kam eine üppige barocke

Leuchter – Danzig, 2. Hälfte des 17. Jahrhunderts (Museum Malbork)

Ausstattung: Ornamente und Reliefs, Rahmen und Gesimse, verschiedene Figuren und Leuchter, Vitrinen mit Bernsteingegenständen.

Im zweiten Weltkrieg wurde das Bernsteinzimmer von den deutschen Faschisten demontiert und nach Königsberg verschleppt. Hier ist es wahrscheinlich 1945 bei einem Bombenangriff verbrannt. Berichte von seiner angeblichen Deponie in einem später gefluteten Kalischacht in Niedersachsen sind völlig unbewiesen. Heute entsteht in Leningrad ein neues Bernsteinzimmer nach den Plänen des alten. 1990 soll es fertiggestellt sein.

Auch während in den Manufakturen die prächtigsten Kunstwerke entstanden, blieb

Bückeburger Brautkette – über 500 Gramm schwere Kette aus klaren Steinen (Bernsteinmuseum Ribnitz-Damgarten)

Bernstein beim einfachen Volke unverändert beliebt. Er war eben der billigste Schmuckstein. Man konnte ihn mit einfachsten Geräten bearbeiten. Leider sind nur wenige Zeugnisse dieser Volkskunst, wie man sie von Beschreibungen her kennt, erhalten geblieben. Dazu zählen die stattlichen Bernsteinketten aus großen, klaren, oft mit Facettenschliff versehenen Steinen. Sie wurden im 19. Jahrhundert als »Hochzeitsketten« vor allem in der Kurpie-Region Nordostpolens und als »Bückeburger Brautketten« in Niedersachsen noch bis in unser Jahrhundert hinein hergestellt und getragen. Dabei spielte nicht nur das Schmuckbedürfnis eine Rolle, sondern sicher auch der alte Volksglaube, daß Bernstein vor Unfruchtbarkeit schütze.

Bernstein im 20. Jahrhundert

Gegen Ende des vergangenen Jahrhunderts wuchs die allgemeine Nachfrage nach Bernstein. So begann man in den Manufakturbetrieben mit der Massenfertigung einfachen Bernsteinschmuckes, kleiner Andenken und sogenannter Raucherutensilien: Zigarettenspitzen, Zigarren- und Pfeifenmundstücke. Diese Tendenz verstärkte sich in unserem Jahrhundert. Mit zunehmender Vervollkommnung der Bearbeitungstechnologie verschwanden fast alle harmonischen Kombinationen mit anderen Materialien und damit die ursprüngliche Vielfalt der Bernsteinprodukte. Als ein nunmehr der Mode stark unterworfenes Material schwankte der Bedarf an Bernsteinschmuck in Europa ganz erheblich. Dafür exportierte man Fertigwaren in großer Menge in die arabischen Staaten und nach Südostasien.

Erst in den letzten drei Jahrzehnten wandten sich die Schmuckgestalter wieder intensiver dem »Gold des Meeres« zu. In den vielfach aus früheren Manufakturen hervorgegangenen bernsteinverarbeitenden Betrieben in Kaliningrad, Gdańsk, Ribnitz-Damgarten, Kopenhagen, Lübeck, Bremen oder Stuttgart fertigt man daher heute nicht nur zentnerweise gediegene Massenware. Wie in den Ateliers mancher Kunsthandwerker entstehen auch hier geschmackvolle Unikate, die durch individuellen Schliff und besondere Fassung die ganze Schönheit eines Bernsteinstückes zur Geltung bringen.

Litauischer Bernsteinschmuck von heute – Zeugnis lebendiger Folklore (Bernsteinmuseum Ribnitz-Damgarten)

Beim Besuch eines solchen bernsteinverarbeitenden Betriebes zeigt bereits ein Blick in die Produktionsräume, daß der Begriff »Manufaktur« durchaus noch seine Berechtigung hat. Noch immer ist für die Fertigung von Bernsteinschmuck vor allen Dingen Handarbeit erforderlich. Schon die große Anzahl von Mitarbeitern macht das deutlich. Zwar gibt es heute für manche Arbeitsgänge moderne Maschinen, doch ist eine »automatisierte« Herstellung von Schmuck mit individueller Note, die man oft wünscht, kaum denkbar.

Der eingehende Rohbernstein wird nach Größe, Qualität und Eignung für bestimmte Schmuckstücke sortiert. Mit scharfer Klinge entrindet man ihn manuell – entfernt also die Verwitterungskruste. Größere Brocken werden, je nach späterer Verwendung, vorsichtig mit der Bandsäge zerteilt. Besonders ansehnliche Exemplare ergeben meist Steine für Anhänger, Armbänder oder Broschen. Kleinere werden zu den massenweise benötigten »Kettensteinen«. Der Schliff erfolgt auf senkrecht angebrachten Scheiben, die mit hoher Drehzahl laufen und mit Schleifpapier belegt sind. Den dabei unweigerlich entstehenden mehlfeinen Schleifstaub saugen Exhaustoren ab. Poliert wird mit Poliermasse – ebenfalls auf rotierenden Scheiben, die einen filzartigen Belag haben. Kleinstückiger Bernstein kann »getrommelt« werden. Er bleibt dazu längere Zeit zusammen mit Hartholzstückchen, Poliermitteln u. a. in einem sich beständig drehenden, faßartigen Behältnis. Heraus kommen gerundete, fertig polierte Steine. Durch vorherigen Schliff kann man ihre spätere Form beeinflussen. Die bearbeiteten Stükke erhalten in der Regel eine Edelmetallfassung, eine Öse oder eine Bohrung.

Damit sind jedoch die Möglichkeiten der Bernsteinverarbeitung bei weitem nicht erschöpft. Um den Bedarf an klaren Stücken zu decken, wird Bernstein vielfach künstlich geklärt. Dazu erhitzte man ihn früher im Pflanzenölbad (Klarkochen). Heute geschieht das Klären in Autoklaven. So behandelte Stücke zeigen im Inneren meist feine blättchen- oder muschelförmige Sprünge, die manchmal an Inklusen erinnern. »Sonnenflinten« sagte man früher zu diesen künstlich erzeugten, irisierenden »Blitzern«. Neben dem Klären kennt man auch Methoden, den Bernstein zu färben.

Ketten aus geschliffenem Bernstein – Massenware des 20. Jahrhunderts

Bau eines Schiffsmodelles aus Bernstein, kleine Plättchen werden hier zu einer Segelfläche zusammengesetzt

Bernsteinbearbeitung: Auf schnell rotierenden Scheiben wird geschliffen, vorher entrindet man die Stücke mit einer scharfen Klinge

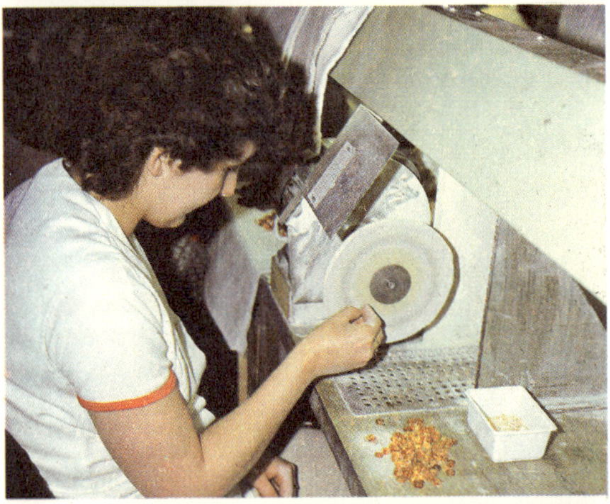

Bernsteinbearbeitung: Politur eines Stückes auf einer Scheibe mit filzartigem Belag

Etwas gelingt allerdings bei Bernstein nicht: Man kann nicht aus vielen kleinen Stückchen oder aus Verarbeitungsabfall durch einfaches Verschmelzen größere Brocken bekommen. Eine geeignete Technologie zur Herstellung von Preßbernstein ist schon über 100 Jahre bekannt. In Königsberg wurden um die Jahrhundertwende jährlich etwa 25 Tonnen davon produziert. Die Anforderungen an das Rohmaterial sind aber sehr hoch, dessen Vorbereitung und der Preßvorgang selbst sehr aufwendig.

In jüngster Zeit pflegt man in einigen Bernsteinbetrieben offensichtlich wieder stärker die handwerklichen Traditionen. So werden außer Schmuck jetzt auch wieder größere, repräsentative Bernsteinarbeiten gefertigt: Leuchter, Schalen, Schmuckkästchen, ja sogar ganze Schiffsmodelle.

Nur ein Schmuckstein?

Schon sehr früh bemerkten die Menschen die Brennbarkeit des Bernsteins und jenen aromatisch-brenzligen Geruch, der beim Verbrennen entsteht. Diese für einen Stein ganz ungewöhnliche Eigenschaft ließ ihn bald zum hervorragenden Objekt der Magie und der Volksheilkunde werden. Im Mittelalter verbrauchte man für diese Zwecke größere Mengen als für seine handwerkliche Verarbeitung. Bernstein war über zwei Jahrtausende lang als Räucherwerk, meist in pulverisierter Form, ungemein beliebt. Der Bernsteinrauch sollte Krankheiten heilen, vor bösem Zauber schützen, Dämonen, Hexen und Trolle vertreiben. Bernsteinpulver und alkoholische Auszüge wurden – bis ins 18. Jahrhundert hinein – gegen unglaublich viele Leiden

Schiffsmodell aus Bernstein,
gebaut
im VEB Ostseeschmuck
in Ribnitz-Damgarten

prophylaktisch oder therapeutisch, innerlich oder äußerlich verordnet, so gegen Krämpfe und Schlafsucht, Pest, Typhus und Gicht, Schlagfluß und Blähungen, Hysterie und Koliken ... Noch heute verwendet man in ländlichen Gegenden Polens Bernsteinpulver als Packung gegen rheumatische Gelenkschmerzen! Die mittelalterlichen Alchemisten gewannen das »Bernsteinsalz«, dessen bestialischer Gestank beim Räuchern die Ratten vertrieb.

Auch in unserer Zeit wird nicht aller Bernstein zu Schmuck verarbeitet. So verwendete man zwischen 1900 und 1930 von dem gewonnenen samländischen Bernstein (bis zu 500 Tonnen jährlich) nur etwa ein Viertel für diesen Zweck. Die Hauptmasse, also alle kleineren und verunreinigten Stücke sowie Verarbeitungsabfälle wurden einer »Trockendestillation«, ähnlich der Kohleverflüssigung, unterzogen. Dabei kann man vor allen Dingen Bernsteinkolophonium gewinnen, ein Ausgangsprodukt für Bernsteinfirnis und -lack. Dieser Bernsteinlack ist in mancher Hinsicht sogar Kunstharzlacken überlegen, so daß er auch heute noch produziert wird. Andere Erzeugnisse aus Bernstein, wie Isoliermittel und Laborgeräte, sind dagegen schon lange durch wesentlich billigere Produkte aus Kunstharzen verdrängt worden.

Wo kann man Bernstein sehen?

Kostbarkeiten aus Bernstein wurden, so wie viele andere Kunstwerke auch, zuerst in den fürstlichen Schatzkammern angehäuft. Später entstanden in den Naturkunde- und Kulturhistorischen Museen umfangreiche Bernsteinsammlungen mit Raritäten, Inklusen und archäologischen

Bernsteinkrone – Deckengehänge aus ungewöhnlich großen Perlen in der Bernsteinausstellung des Museums der Kurpie-Region in Łomża/Nordostpolen

Funden. Aus diesen Sammlungen kommen hauptsächlich die Stücke für heutige Bernsteinausstellungen und Bernstein-Spezialmuseen.

Mit seinen vielen Exponaten ist das Bernsteinmuseum im Schloß des Ostseebades Palanga in der Litauischen SSR eines der größten seiner Art. In jedem Sommer drängen sich hier die Touristen vor den Vitrinen mit den kiloschweren Strandfunden, den seltenen Inklusen und den gediegenen Arbeiten litauischer Kunsthandwerker. Im Bernsteinmuseum in der Altstadt von Kaliningrad wird neben Funden aus dem Tagebau der benachbarten Bernsteinlagerstätte eine rund 2000 Objekte umfassende Musterkollektion des dortigen Bernsteinkombinates gezeigt. Mit der Ausstellung »Die Geschichte des Bernsteins« schuf man in der Marienburg von Malbork etwas Einmaliges. In dieser Exposition ist die gesamte Geschichte der künstlerischen Bernsteinbearbeitung dargestellt. Historische

Kunstwerke von Weltrang fanden hier ihren Platz, darunter viele Leihgaben anderer polnischer, aber auch ausländischer Museen. Ein Teil der Exponate sind Erzeugnisse der berühmten alten Manufakturen in Königsberg und Danzig. Alle diese Kunstwerke wurden von polnischen Fachleuten mit größter Sorgfalt restauriert.

Ähnlich wie im Museum der Marienburg sind im Grünen Gewölbe der Staatlichen Kunstsammlungen Dresden und im Germanischen Nationalmuseum Nürnberg einige der schönsten überhaupt erhaltenen Bernsteinarbeiten zu sehen – ganz besonders die meterhohen Kabinettschränke mit Bernsteininkrustierung und reichen Schnitzereien.

Im Regionalmuseum der nordostpolnischen Kurpie-Region in Łomza werden dem Besucher volkstümliche Methoden der Bernsteingewinnung und -verarbeitung in dieser bernsteinreichen Gegend vorgeführt. Man zeigt originelle Geräte zum Graben und

»Bernstein in der Natur« – Ausstellung im Museum der Erde in Warschau

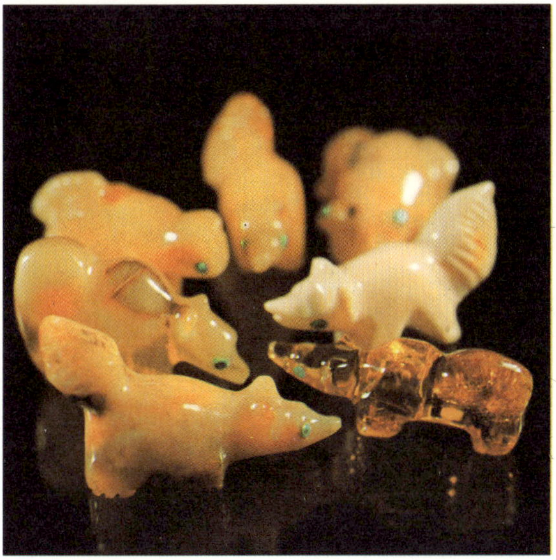

Amulette aus Bernstein – heutige Arbeiten nordamerikanischer Pueblo-Indianer (Museum der Erde, Warschau)

Schöpfen, Drechselbänke für Bernsteinperlen und besonders reizvolle Arbeiten der Volkskunst.

Im Museum der Erde der Polnischen Akademie der Wissenschaften in Warschau, an dem intensiv Bernsteinforschung betrieben wird, gibt es die Ausstellung »Bernstein in der Natur«. In ungewöhnlich ansprechender Weise und mit einer Auswahl erstrangiger Exponate vermittelt man hier naturwissenschaftliche Kenntnisse über den »Baltischen Bernstein«, dessen Entstehung, Lagerstätten, Eigenschaften und Inklusen sowie über andere Bernsteinarten.

Das Bernsteinmuseum in Ribnitz-Damgarten, nahe dem Bernsteinfundgebiet an der Küste von Fischland und Darß, entstand aus einem kleinen Heimatmuseum. Eine regelrechte Eskalation der Besucherzahlen, bedingt durch das große Interesse am »Gold des Meeres«, machten Erweiterungen und schließlich eine völlige Neugestaltung der Ausstellungen in einem

Moderner Bernsteinschmuck der polnischen Bernsteingestalterin LEWICKA-WALA (Museum der Erde, Warschau)

wesentlich größeren Gebäude des ehemaligen Ribnitzer Klarissinnen-Klosters notwendig. Dort gibt es inzwischen sowohl eine naturwissenschaftliche als auch eine kulturhistorische und eine handwerkliche Abteilung. Der in Ribnitz-Damgarten ansässige Bernsteinbetrieb stellt nicht nur seine beachtenswerten, in vielen Ländern beliebten Erzeugnisse aus. Er richtete sogar einen Arbeitsplatz ein, so daß die Besucher bei der Bernsteinbearbeitung zusehen können.

Im Museum für Naturkunde der Humboldt-Universität Berlin kann man eines der größten bekannten Bernsteinstücke (9.750 Gramm) und viele Bernsteininklu-

Schachspiel aus Bernstein, von einem Ribnitzer Bernsteinmeister nach alten Vorlagen geschaffen (Bernsteinmuseum Ribnitz-Damgarten)

Figuren zum Bernsteinschachspiel aus dem Bernsteinmuseum Ribnitz-Damgarten

sen sehen. In den Magazinen, also »hinter den Kulissen«, gibt es eine der umfangreichsten älteren Kollektionen von Einschlüssen im »Baltischen Bernstein«. Von den in diesem Museum tätigen Wissenschaftlern werden gegenwärtig die zahlreichen Inklusen aus dem »Bitterfelder Bernstein« bearbeitet.

Über eine Bernsteinausstellung und eine bedeutende Bernsteinsammlung verfügt auch das Staatliche Museum für Naturkunde Stuttgart. Dort beschäftigt man sich besonders intensiv mit den Einschlüssen im »Baltischen-«, »Dominikanischen-« und »Libanon-Bernstein«. Bernsteinfunde und kulturhistorisch interessante Bernsteinobjekte sind in vielen anderen Heimat- und kulturhistorischen Museen, besonders in den Städten und Badeorten an der Ost- und Nordsee, ausgestellt.

Mach es selbst!

Bernstein in den Museen zu bestaunen, ist sicher sehr reizvoll. Die prachtvollen Schmuckstücke in den Auslagen von Juwelier- und Kunstgewerbeläden sind sogar käuflich zu erwerben. Doch manche Strandwanderer, die nicht nur fleißig nach Bernstein suchen, sondern ab und zu sogar welchen finden, möchten ihn gern selbst verarbeiten. Das ist bei Bernstein problemlos möglich. Voraussetzung dafür sind aber Stücke entsprechender Größe. Winzige Krümel, wie sie oft mit viel Ausdauer und Mühe in stattlicher Zahl aufgesammelt werden, lassen sich nicht bearbeiten. Sie kommen am besten in einem Glas oder zwischen zwei Glasscheiben in einem Holzrahmen zur Geltung. Etwas größere Exemplare (in entsprechender Menge) ergeben, durchbohrt und auf Angelsehne gefädelt, eine Kette aus Natursteinen. Gebohrt wird sehr vorsichtig. Am besten eignet sich dazu ein millimeterstarker Spiralbohrer, eingespannt in eine festgestellte elektrische Handbohrmaschine mit nicht zu hoher Drehzahl. Man führt das zwischen den Fingerspitzen festgehaltene Stück mit leichtem, gleichmäßigem Druck gegen den Bohrer. Es läßt sich kaum vermeiden, daß einige Stücke zerspringen. Am Strande gesammelter »Rohbernstein« verliert beim Trocknen seinen schönen Glanz. Es genügt ein Hauch von Möbelpolitur, mit einem Läppchen oder mit den Fingerspitzen verrieben, um ihn diesen auf Dauer zurückzugeben. Durch seine geringe Härte läßt sich Bernstein recht einfach sägen, schleifen und polieren. Für den »Hausgebrauch« eignet sich zum Schleifen am besten wasserfestes Schleifpapier unterschiedlicher Körnung. Arbeitet man mit geringer Wasserzugabe, kann der unangenehme Schleifstaub vermieden werden. Auf Schleifpapier grober bis mittlerer Körnung gibt man dem Stück die gewünschte Form. Beim Wechsel auf das nächstfeinere Schleifpapier und vor der Politur muß der Stein, um Kratzer zu vermeiden, gründlich abgespült werden. Nach dem Feinschliff wird poliert. Das geschieht auf einem sauberen, weichen Lappen, den man mit einem Brei aus Schlämmkreide und Propanol bestreicht. Zahnpasta tut es aber auch. Mit einem Fensterleder wird ganz zum Schluß nachpoliert. Auf diese Weise erhält der Bernstein den wundervollen, warmen Glanz, der ihm Beinamen eintrug wie »Gold des Nordens« oder eben »Gold des Meeres«.

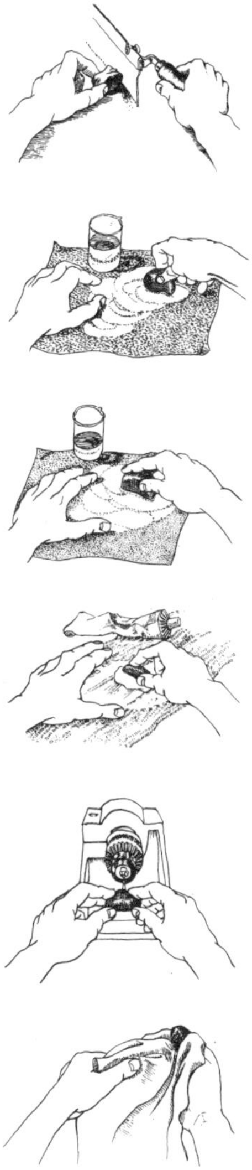

Bernstein selbst bearbeitet, von oben nach unten sind dargestellt: Sägen, Grobschliff, Feinschliff, Politur, Bohren, Nachpolitur

Literaturverzeichnis

Andrée, K.: Der Bernstein und seine Bedeutung in Natur- und Geisteswissenschaft, Kunst und Kunstgewerbe, Technik, Industrie und Handel. Königsberg 1937

Barthel, M. u. H. Hetzer: Bernstein-Inklusen im Miozän des Bitterfelder Raumes. In: Zeitschrift für angewandte Geologie, 28, Heft 7, Berlin 1982

Dietrich, H.-G.: Zur Entstehung und Erhaltung von Bernstein-Lagerstätten. In: Neues Jahrbuch für Geologie und Paläontologie, Bd. 149. Stuttgart 1975

Grabowska, J.: Polnischer Bernstein. Warschau 1982

Katinas, W.: Bernstein und Bernsteinlagerstätten an der südlichen Ostseeküste (russisch). Vilnius 1971

Kosmowska-Ceranowicz, B. u. a.: Bernstein in der Natur – Führer und Katalog der Ausstellung (polnisch u. englisch). PAN, Muzeum Ziemi. Warschau 1983

Peczalska, A.: Gold des Nordens (polnisch). Katowice 1981

Schlee, D. u. W. Glöckner: Bernstein, Bernsteine und Bernstein-Fossilien. In: Stuttgarter Beiträge zur Naturkunde, Serie C, Heft 8. Stuttgart 1978

Schlee, D.: Bernstein-Raritäten. Farben, Strukturen, Fossilien, Handwerk. Stuttgart 1980

Schlüter, Th.: Die Fossilfalle Harz – der gegenwärtige Erforschungsstand. In: Naturwissenschaftliche Rundschau, 29, Heft 10. Stuttgart 1976

Schubert, K.: Neue Untersuchungen über Bau und Leben der Bernsteinkiefer Pinus succinifera. Ein Beitrag zur Paläohistologie der Pflanzen. In: Beiheft zum Geologischen Jahrbuch, Hannover 1961

Schulz, W.: Die natürliche Verbreitung des Ostseebernsteins und das Bernsteinvorkommen von Stubbenfelde (Usedom). In: Zeitschrift für angewandte Geologie, 6, Heft 12. Berlin 1960

ISBN 3-356-00050-0

1. Auflage 1986
Lizenz-Nr. 391/240/86/86
Printed in the German Democratic Republic
Fotos: Autor
Zeichnungen: Matthias Reinicke
Ausstattung: Eberhard Kahle
Herstellung: Grafische Werke Zwickau III/29/1
Bestell-Nr. 522 810 5
01250

Reinicke, Rolf:
Bernstein – Gold des Meeres / Rolf Reinicke. – 1. Aufl. – Rostock : Hinstorff Verl., 1986. – 80 S. : zahlr. Ill. (farb.), graph. Darst. – (Maritime Miniaturen)

BERNSTEIN selbst bearbeitet

Politur

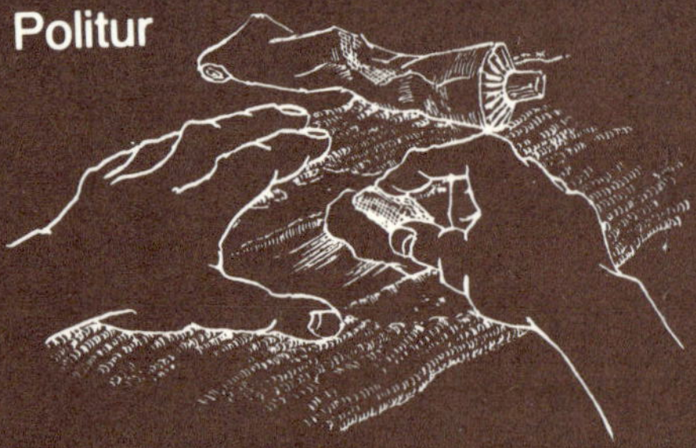

Bohren

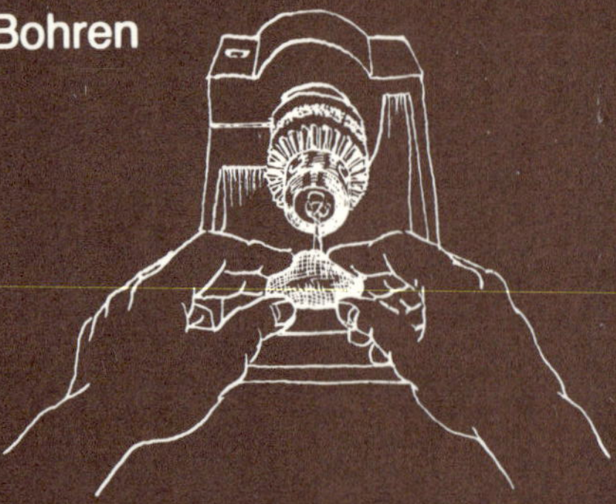

Nachpolitur

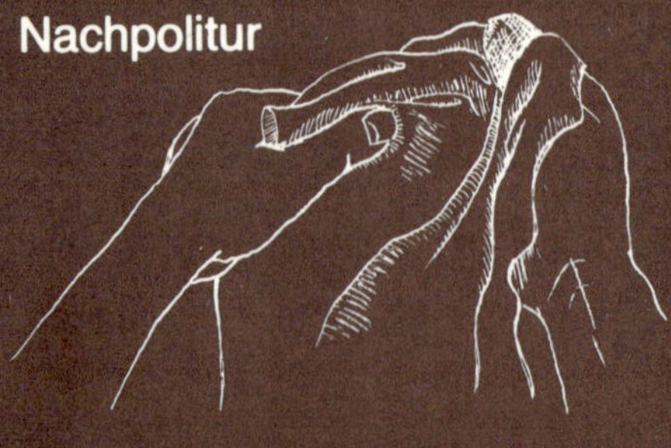